1小时读懂天文

AN HOUR

[英] 迈克·弗里恩◎著
Mike Flynn
金梦琦◎译

机械工业出版社
CHINA MACHINE PRESS

宇宙是如何形成的？我们所在的银河系是什么样子？除了人类，还存在其他外星生命吗？天文学家是怎么算出遥远的恒星离我们有多远的？怎么识别夜空中的星座？人类是什么时候登上月球的？……这些问题都可以在这本《1小时读懂天文》中找到答案。本书通过大量数据，用生动有趣的语言，从宇宙的起源和认识宇宙的方式，讲到恒星、太阳系、星系和宇宙万物，以及人类对宇宙空间的探索历程，是一本迷人的极简天文指南。打开本书，跟着我们一起开启知识之旅吧！

图书在版编目（CIP）数据

1小时读懂天文 /（英）迈克 · 弗里恩（Mike Flynn）著；金梦琦译.
— 北京：机械工业出版社，2020.8（2023.7重印）
书名原文：The Pocket Book of Astronomy
ISBN 978-7-111-66268-6

Ⅰ. ①1… Ⅱ. ①迈… ②金… Ⅲ. ①天文学－普及读物 Ⅳ. ①P1-49

中国版本图书馆CIP数据核字（2020）第140482号

机械工业出版社（北京市百万庄大街22号 邮政编码100037）
策划编辑：蔡 浩 责任编辑：蔡 浩
责任校对：黄兴伟 责任印制：张 博
北京建宏印刷有限公司印刷

2023年7月第1版第4次印刷
130mm × 184mm · 4.75印张 · 2插页 · 105千字
标准书号：ISBN 978-7-111-66268-6
定价：49.00元

电话服务
客服电话：010-88361066
010-88379833
010-68326294

网络服务
机 工 官 网：www. cmpbook. com
机 工 官 博：weibo. com/cmp1952
金 书 网：www. golden-book. com
机工教育服务网：www. cmpedu. com

目录

起 源

宇宙的大小

当你仰望夜空时，你看到了什么？是惊叹于这满天星辰的壮观，还是好奇夜空的尽头在哪里？不管你是怀着什么样的想法或是心情看着天空，最终你都会被这片夜空所吸引而思考其究竟有多大！

事实上，宇宙的规模之大远远超过了我们的大脑所能理解的范围。像“巨大的”“宏大的”“令人敬畏的”这样的形容词根本无法表达宇宙真正的规模，所以让我们从小的天体开始探索，然后逐级向上并试图理解宇宙的大小。

想象一下，将太阳放置在英国伦敦温布尔登网球场的中央，冥王星在 1500 米之外。在这样的尺度上，你能想象离我们最近的恒星（太阳除外）会在多远的地方吗？

如果你说南非约翰内斯堡，那么恭喜你答对啦！可是你不能忘记那只是离我们最近的邻居。事实上，如果以光速飞行，我们能在短短的一秒钟内绕行地球七圈，但要到达那颗离太阳最近的恒星仍然需要花费将近四年的时间。这是一个漫长的旅程，也是我们倾向于用光速来衡量太空中天体距离的原因。

光速是光在真空中的传播速度，约为 30 万千米 / 秒，是物体运动的最大速度。但即使以这样的速度，穿越银河系——

我们所在的银河系。

太阳以及我们在夜晚所看到的星星们的家园——也需要 10 万年的时间。而想要到达离我们最近的大星系——仙女星系，则需要 250 万年的时间。那么，穿过整个宇宙需要用光速行驶多久呢？

根据目前的估计，以光速巡航——让我们再次提醒自己一下，光速是 30 万千米 / 秒——穿越已知宇宙需要数百亿年！㊀

宇宙真的很大，不是吗？

宇宙简史

我们知道，地球和太阳系中的其他行星都围绕着“一团熊熊燃烧的烈火”——也就是我们的太阳——运行。然而太阳只是一颗极为普通的恒星，它和其他数千亿颗恒星一起排列成松散的旋涡状，围绕着一个超大质量黑洞运行。天文学家将这个由恒星、行星等天体组成的旋涡状集合体称为银河系。

我们的太阳在这个旋涡星系的一个旋臂里的偏远角落，相当于生活在远离大都市的乡村。银河系自转一周需要 2.2 亿 ~3.6 亿年，这个旋转速度非常之慢，以至于银河系中的恒星从地球上看起来像是固定在夜空中一样，因此可以用恒星的位置来进行导航。但是，我们仍然花费了大量的时间才弄清自身在宇宙中所处的位置。

㊀ 由于宇宙在加速膨胀，以光速运动甚至永远无法飞出宇宙。 ——译者注

托勒密的《天文学大成》（1496 年版本）一书的卷首插图，该书阐述了托勒密的天文学和地理学体系。

1632 年伽利略发表的《关于托勒密和哥白尼两大世界体系的对话》一书的卷首插图，图中人物从左至右分别为亚里士多德、托勒密和哥白尼。

古希腊人和古罗马人

最早的有记录的关于宇宙本质的科学理论是古希腊人提出的，如泰勒斯和阿那克西曼德。在公元前 6 世纪，他们摒弃了超自然起源的概念（即“上帝创造了宇宙”），认为宇宙是通过自然方式产生的。毕达哥拉斯学派同意了这一观点，建立了一个宇宙数学模型并被古罗马人采用。

古罗马诗人卢克莱修在《物性论》一书中描述了一个无限的宇宙，在这个宇宙中，原子层面上的物质进行相互作用从而创造出一个不断变化的状态。它与现代人们对宇宙本质的认知极其相似，这确实是一项了不起的成就。

尽管亚里士多德和柏拉图也做出了许多贡献，但托勒密引领了后世的主要思想。托勒密描述了一个由数学和上帝统治的有限宇宙，其中太阳、行星和其他天体都以地球为中心旋转（即地心说）。虽然我们现在看来他错得不能再错了，但是他的观点在欧洲社会流行了一千多年。

日心说

直到 16 世纪，尼古拉 · 哥白尼才复兴了古希腊学者的观点，认为太阳才是宇宙的中心而非地球。[一] 哥白尼的理论得到了来自天文学家第谷 · 布拉赫系统性且高精度的观测数据的支持，并被伽利略 · 伽利雷采纳。伽利略将这一理论加以推广，

[一] 古希腊的阿里斯塔克斯是史上有记载的首位提出日心说的天文学家。 ——编者注

使得它在欧洲思想家中传播开来。但伽利略也因此差点被教会夺去生命，因为教会认为他的想法是异端邪说。最后他放弃了自己的理论，但还是被软禁在家中。

牛顿

随着时代和思想的发展，尤其是当艾萨克·牛顿为我们提供了理解宇宙的数学基础时，科学终于战胜了迷信，真相变得显而易见。牛顿凭其伟大成就再怎么被人们赞扬也不为过。在与他同时代的人看来，他似乎能够读懂上帝的心思，并用数学证明来解释上帝的奥秘。直到 20 世纪初爱因斯坦提出相对论之前，牛顿关于宇宙本质的理论一直占据主流地位。

膨胀的宇宙

事实上，在爱因斯坦之前，就有一些天文学家注意到有些地方出了问题。到了 20 世纪初，随着望远镜的尺寸和性能不断提升，天文学家能看到比以前更深更远的太空，望远镜分辨率的改善也给天文学家们带来了更多的惊喜。

宇宙正在膨胀的观点逐渐开始形成。1929年，美国天文学家埃德温·哈勃发现，宇宙中的所有星系（包括我们所在的银河系）都在以惊人的速度移动，并且距离我们越远的星系移动速度越快。宇宙一下子变成了一个非常非常大的地方。

宇宙大爆炸和稳恒态宇宙

在建立了宇宙大小的粗略概念之后，天文学家们将注意力转向所有问题中可能是最令人好奇的一个：我们是如何出现的？第一个回答这个问题的人是一位神职人员。

1931 年，比利时牧师和科学家乔治·勒梅特提出了一个理论，即宇宙膨胀是他所称的“原始原子”（一个包含宇宙中所有物质和能量的单一实体）自发解体（爆炸）的结果。简而言之，他声称这一切都是从一个大爆炸开始的。

虽然现在这一理论被人们广泛接受，但在其最初被提出时并没有得到人们的普遍认可。英国天文学家弗雷德·霍伊尔甚至嘲笑这一理论，显然不愿意相信宇宙是从大爆炸开始的(具有讽刺意味的是，他在嘲笑这一理论时所用的“大爆炸”一词，意外地成了这个理论的通俗叫法）。霍伊尔，包括在他之前的许多其他学者，都认为宇宙处于一个稳定的状态之中。

所谓的稳定状态，即宇宙虽然处于不断膨胀之中，但其没有起点，也不会有终点。我们从时间或空间的任何一点来观察这个宇宙，其物质的平均密度都是一样的，因为新物质会不断产生以填满不断增长的空间。

1965 年，支持大爆炸理论的有力证据出现了，这对霍伊尔和他的支持者来说是不幸的消息。 两位来自美国的射电天文学家——阿诺·彭齐亚斯和罗伯特·威尔逊，当他们试图消除观测中的噪声干扰时，意外地发现了宇宙微波背景辐射

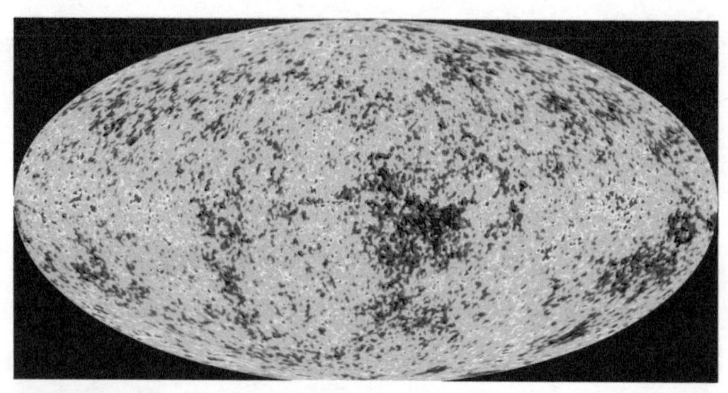

宇宙中最古老的光——宇宙微波背景辐射的全天图像。不同的颜色分别表示相对较热（红色）和较冷（蓝色）的区域。

小知识 在宇宙大爆炸发生后的一万亿亿亿亿分之一秒，宇宙的温度高达一万亿亿亿摄氏度。

小知识 氢作为一种可以取代石油的燃料，其在宇宙大爆炸之后约 3 分钟就开始形成了。

（宇宙大爆炸产生的微波残留），这在学术界引起了轰动。

彭齐亚斯和威尔逊因此获得了 1978 年的诺贝尔物理学奖，稳恒态宇宙理论最终成为过时的假说。有趣的是，他们俩最初认为自己探测到的干扰是由射电望远镜里的鸽子粪便造成的。

其他宇宙

关于宇宙的起源和性质，除了上文所说的大爆炸和稳恒态宇宙理论，近年来人们也提出了一些其他的理论。其中最有趣的是从哲学观点中提出的人择宇宙。这个理论认为，宇宙之所以是现在这个样子，是因为人们观察它的行为使得它变成了现在这个样子。简而言之，我们定义了宇宙。

另一个有意思的理论是多重宇宙，这个理论正日益被数学家、粒子物理学家和天文学家所接受。有数学证据支持多重宇宙存在的可能性，并提出多重宇宙至少有 11 个维度（也有人声称多达 26 个维度），即我们可以感知的 4 个维度（长度、宽度、高度和时间）加上另外 7 个我们无法感知的维度（大多数人都无法理解）。沿着这些额外维度测量的宇宙是亚原子尺寸的。或许只有时间和一些非常聪明的头脑才能判断这种理论是否可信。

宇宙的终结

在了解了宇宙是如何产生的之后，我们自然而然会思考宇宙将会以何种方式终结。最后会发出“砰”的一声巨响还是在悄无声息中消逝？答案取决于宇宙中到底有多少物质。

如果宇宙中有足够多的物质，那么引力最终将占据主导地位，宇宙的膨胀将停止，并逐渐收缩，这将导致所谓的“大挤压”。而且这可能反过来引发另一次大爆炸，这一想法令哲学家、天文学家和科幻迷们兴奋不已。事实上，我们并不能确定我们所在的宇宙是来自第一次宇宙大爆炸。

然而，更具可能性的是宇宙中没有足够多的物质让引力将全部物质拉回到一起，因此宇宙将会持续膨胀。最终，所有的能量将消散，等效于宇宙死亡。

但是别担心，宇宙的终结在短期内是不会发生的。若真到了那时候，我们的太阳系和太阳系中的一切，从莎士比亚到“辛普森一家”，都将不复存在。

认识宇宙

望远镜

尽管人眼是一个卓越非凡的器官，但用它来看远处的东西效果就不尽如人意了。它的大小（口径）不允许太多的光线进入，而且其放大能力也有限。望远镜的出现就是为了克服这两个基本的限制，让我们能够超越眼睛的视野去看得更远。

光学望远镜是最常见的望远镜，具有比人眼大得多的口径，这意味着它们可以收集更多来自遥远物体的光，这大大提高了分辨率和清晰度。

放大倍数对于在夜晚使用的光学望远镜来说并无太大用处，因为除了太阳之外，即使是最近的恒星也离我们很远很远，再怎么放大，恒星显示在望远镜上的图像都只是在黑暗太空中的一个小光点。

非光学望远镜则能让我们在可见光波段以外进行观测。天文学家使用一系列望远镜来对宇宙进行研究。这些望远镜能观测电磁波谱中不同波段的光：有的可以直接“看”太阳，有的可以“看”来自遥远恒星的射电信号，有的甚至能通过 X 射线和伽马射线来构建遥远黑洞的图像。

天文学家在研究宇宙时使用的一系列光学和非光学望远镜称为天文望远镜。每一种望远镜会用于观测电磁波谱的一个或多个特定波段。目前天文望远镜大多位于地球上，但天文学家们倾向于将望远镜发射到太空，这些太空望远镜通常在绕地轨道上运行。

利维坦大型望远镜（1845 年）的比例模型，它曾用于研究星云的性质。

光学望远镜

光学望远镜可分为三种：折射望远镜、反射望远镜和折反射望远镜。

折射望远镜

折射望远镜是最早出现的望远镜类型，通常包含两个透镜。这两个透镜——物镜和目镜放置在望远镜镜筒的两端，通过调节两个透镜之间的距离，可以调节望远镜的分辨率和放大率。任何通过物镜的光线在聚焦到目镜上之前都会被折射（弯曲）。

反射望远镜

反射望远镜借助一个大的凹面镜来成像。光线在到达目镜前被凹面镜反射并聚焦在较小的副镜上。英国天文学家艾萨克·牛顿在1670年左右首次使用这种设计成功制造出第一架实用的反射望远镜。牛顿式望远镜也是迄今为止使用最广泛的反射望远镜。

折反射望远镜

折反射望远镜既有透镜也有面镜，它是一种将折射系统与反射系统相结合的光学望远镜，兼顾折射望远镜和反射望远镜的优点。折反射望远镜可以看到很暗的天体，很适合业余的天文观测和天文摄影。

电磁波谱

下表显示了电磁波谱的各个波段，可以看出，可见光只占电磁波谱的一小部分。随着望远镜的发展，我们可以“看到”电磁波谱的全波段，因此我们可以比以前更深入地了解宇宙。

波长		波段	
10^{-6}nm			
10^{-5}nm			
10^{-4}nm		伽马射线	
10^{-3}nm			
10^{-2}nm			
10^{-1}nm	1Å		
1nm		X 射线	
10nm			
100nm	极紫外线：10–121nm 远紫外线：122–200nm	紫外线	
1000nm	1 μm	可见光	
10 μm		近红外线	
100 μm		远红外线	
1000 μm	1mm		
10mm	1cm		
100mm		微波	
1000mm	1m		特高频
10m			甚高频
100m			高频
1000m	1km		中频
10km			低频
100km		无线电波	
1000km	1Mm		音频
10Mm			
100Mm			

Å：埃（10^{-10}m）；nm：纳米；μm：微米；mm：毫米；cm：厘米；m：米；km：千米；Mm：百万米。

哈勃空间望远镜

哈勃空间望远镜于 1990 年 4 月 24 日发射升空，向人类展现了人眼所不能看见的宇宙，其探测到的最远物体的距离比我们使用地面上最强大的望远镜所能观测到的最远物体还要远 7 倍。

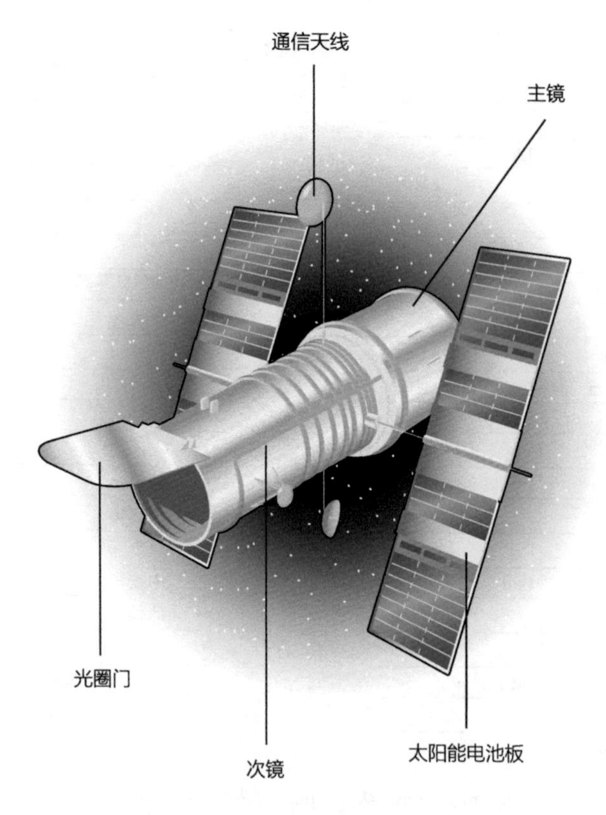

哈勃空间望远镜的结构图。

哈勃望远镜本质上是一个位于地球上空 550 千米的轨道上的大型反射望远镜，它的位置高于大气层，因此不受大气畸变效应的影响，其分辨率为地基望远镜的 10 倍。

除了装载 2.4 米口径的主镜外，哈勃望远镜还配备了对可见光、近红外线和紫外线敏感的相机，相机收集的数据通过卫星传输到地面，供科学家进行分析。

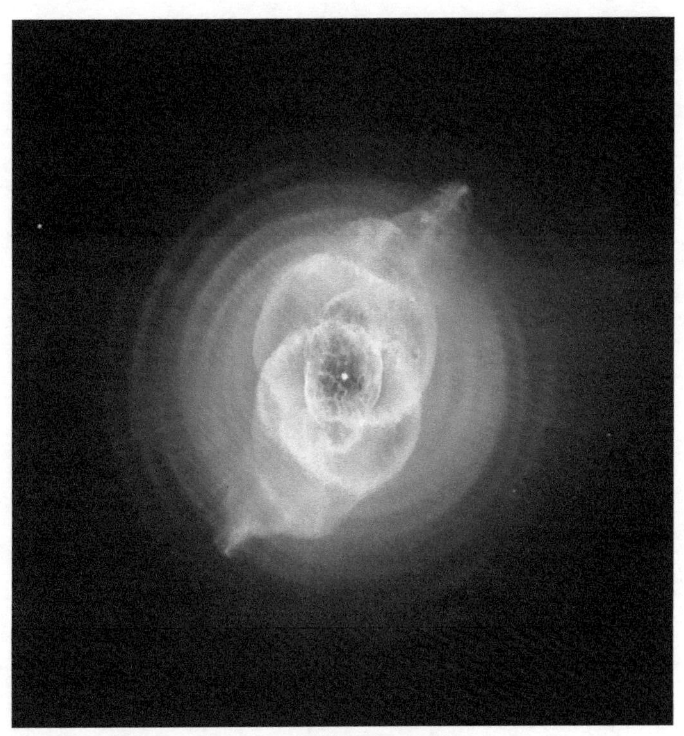

哈勃望远镜拍摄的猫眼星云，它的中央是一颗垂死的恒星。

透过哈勃的眼睛看宇宙

哈勃空间望远镜的发射是天文学史上一个值得铭记的时刻。通过哈勃望远镜，我们有史以来第一次能够亲眼看到宇宙的宏伟。从鹰状星云中的恒星摇篮到宇宙诞生之初的原始早期星系，哈勃望远镜极大地开阔了我们的视野，永久性地改变了我们对宇宙的看法。

哈勃是谁?

哈勃望远镜以埃德温·哈勃（1889—1953）的名字命名。哈勃出生于美国密苏里州，是著名的天文学家，因为揭示了宇宙的真实规模而闻名。他对遥远星云（巨大的星际气体云）的研究表明，这些看似云状的物体实际上是离我们非常遥远的星系。哈勃望远镜的观测结果表明，这些模糊的星云并不是银河系的一部分，正如人们所猜测的那样，它们是位于银河系之外的星系。埃德温·哈勃还提出了星系形态分类法——哈勃序列，他根据星系的形状对星系进行了分类。

小知识　哈勃望远镜在第一次拍摄照片时未能给人们留下深刻印象，后来人们意识到它的反射镜——望远镜的关键部件——形状不对。为了纠正这个错误，航天员不得不给哈勃望远镜装上了一副巨大的“眼镜”。

测量空间距离

天文学家要如何测量太空中的距离呢？他们无法进入太空，然后用一个很长很长的卷尺去测量长度和宽度，用计步器的读数乘以步长也远远不够。因此，他们想出了许多聪明的方法来测量这片广阔的空间。

三角视差

当我们从地球绕太阳运转的轨道上的不同地点观察同一个物体时，邻近的恒星似乎在夜空背景下移动。这种移动被称为视差。运用简单的三角学知识，我们就可以相当精确地计算出这些相对较近恒星的距离。

造父变星

天文学家通过比较恒星的真实亮度（绝对星等）和从地球上观察到的亮度（视星等）来测量更加遥远恒星的距离。造父变星是非常明亮的天体，并且存在脉动，这导致其视亮度会发生周期性变化。造父变星的光变周期（即亮度变化一周的时间）与它的绝对星等之间存在着函数关系。通过测量绝对星等与视星等之间的差异，就可以计算出该恒星离我们的距离。这是用于测量遥远恒星和星系距离最常用的方法。

未知的世界——系外行星

在确定了我们在宇宙中的位置以及宇宙可能的诞生与终

结方式之后，科学家们又将注意力转向也许是人类有史以来面临的最重要的问题：人类在宇宙中是唯一的吗？

考虑到宇宙的宏大规模，如果我们是唯一有智慧的生命，那么这是非常不可思议的。但是，用著名的粒子物理学家恩里科·费米的话来说，如果我们不唯一，那么其他生命体都在哪里呢？

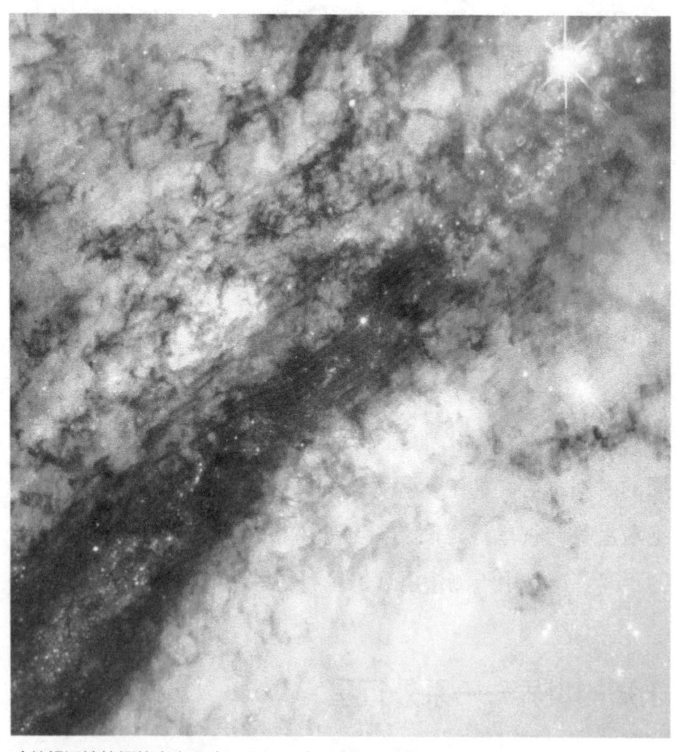

哈勃望远镜拍摄的半人马座 A 星系，它是离地球最近的活动星系之一。

早在20世纪60年代，人们就开始在遥远的恒星周围寻找类地行星。当时，望远镜的观测能力还不足以在太阳系以外的地方分辨出一颗地球大小的行星——它所环绕的恒星发出的光线会使得它几乎不可能被我们探测到。即便到了现在，这种情况也几乎没有改善。那么，既然我们很少有机会能直接看到遥远的行星，我们该如何找到它们呢？

搜索系外行星

任何两个具有质量的物体之间都会相互吸引，彼此会受到对方的引力作用。例如，地球被太阳的引力束缚在轨道上，当地球沿着轨道运行时，太阳也会感受到地球在"拽"着它。虽然我们无法察觉到这一点，但可以通过测量太阳位置的周期性摆动来判断太阳受到地球引力的影响程度。这个原理可以应用到太阳系以外的其他行星系统，虽然我们没法直接看到行星，但可以通过观测恒星的位置摆动来发现其周围可能存在的行星。

除了位置变化，天文学家还通过测量恒星的亮度和径向速度的变化等其他方法来搜寻太阳系以外的行星。自1995年第一颗绕转类太阳恒星的行星被发现以来，截至2019年，已经被确认的系外行星数量超过了4000颗。但是我们尚未在这些行星上发现任何形式的生命。

搜寻地外文明计划

搜寻地外文明计划（SETI）致力于使用射电望远镜收集

来自太空的信号，然后对这些信号进行分析，寻找潜在的生命迹象。如果收到的信号是一种我们难以解释的重复模式，那么这个信号就可能来自未知的外星文明。

1977 年，天文学家接收到著名的 Wow！信号，很多人认为它是来自外星文明的信号。但望远镜只持续观测了 72 秒，之后再也没有收到这种信号。到目前为止，还没有证据表明宇宙中除了地球以外的其他地方存在着智慧生命，地外文明是否存在仍是一个备受争议的话题。

小知识　为了与潜在的外星文明交流，波多黎各的阿雷西博射电望远镜向 25000 光年（光在真空中沿直线传播一年所经过的距离）外的一个星团发送了一个无线电信号，我们最早可能收到的回复（如果有的话）将在 50000 年后。

德雷克方程

法兰克·德雷克是探索外星智慧的领军人物，他设计了一个方程来推测银河系内可能联系我们的外星智慧文明的数量。方程如下：

$$N = R \times f_p \times n_e \times f_l \times f_i \times f_c \times L$$

其中：

N 是可能联系我们的智慧文明的数量；

R 是银河系中的恒星数量；

f_p 是拥有行星系统的恒星比例；

n_e 是行星系统中宜居行星的平均数量；

f_l 是生命在宜居行星上产生的概率；

f_i 是生命演化出智慧的概率；

f_c 是智慧生命能够进行通信的概率；

L 为智慧文明的平均寿命。

根据这个方程，德雷克推测在我们的银河系中至少有 40 颗行星可能存在智慧生命。

太阳系

太阳系

行星系统是一个独立的系统，由至少一颗恒星和一颗或多颗围绕恒星进行轨道运行的行星组成。当然，在银河系中可以找到许多不同类型的行星系统，这个定义涵盖了行星系统的基本概念。

我们所在的行星系统——太阳系由太阳（唯一的恒星）、八颗行星、卫星、矮行星、彗星和小行星等组成。太阳系可能并不是独一无二的，尽管到目前为止，它仍然是宇宙中我们所知的唯一的生命家园。

太阳是太阳系内唯一自发光的天体，是太阳系中电磁波和能量的最主要来源，其质量占太阳系总质量的 99.86%。太阳系中除太阳以外最大的天体是木星，它也是太阳系内质量最大的行星。除了八大行星，目前，我们已知太阳系

内还有 400 多颗天然卫星、6000 多颗彗星和 70 多万颗小行星。

太阳系的诞生

太阳系诞生于大约46亿年前。在数千万年的时间里，大量的气体和尘埃逐渐聚集，粒子相互碰撞，气体和尘埃组成的团块相互挤压，都被引力吸引到一个中心。随着时间的推移，团块开始旋转并越转越快，太阳系的“胚胎”——原行星盘开始形成。

原行星盘的中心区域——原恒星，变得越来越紧密，密度如此之大，以至于温度和压力都上升到临界点，核心开始发生核反应，一颗恒星就此诞生了。

由气体和尘埃组成的原行星盘继续围绕着这颗新生的恒星旋转，在盘中逐渐形成行星等其他天体。水星、金星、地球和火星等行星最开始都只是几粒尘埃，随着时间的推移它们与其他尘埃颗粒结合形成物质团，这些物质团又吸引了其他物质团，正是以这种偶然和随机的方式形成了这些行星。

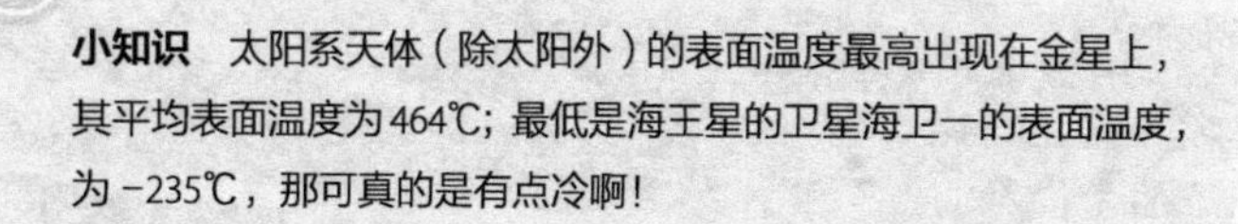

小知识 太阳系天体（除太阳外）的表面温度最高出现在金星上，其平均表面温度为 464℃；最低是海王星的卫星海卫一的表面温度，为 −235℃，那可真的是有点冷啊！

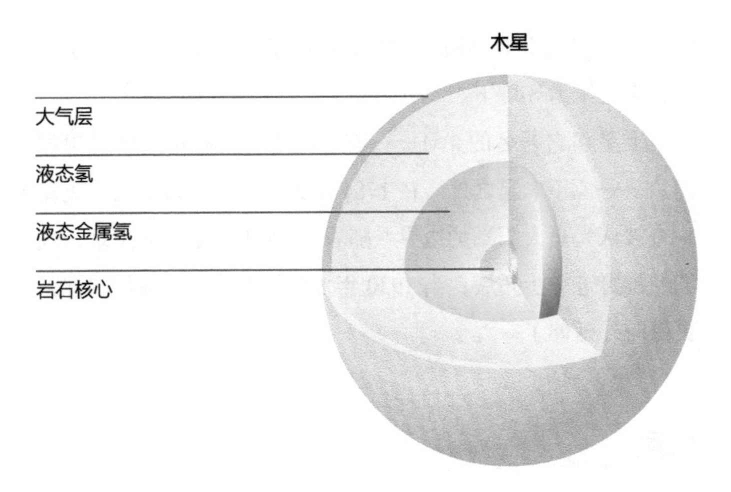

木星的内部结构示意图。

在火星之外是小行星带，它是由岩石或金属组成、围绕太阳运行的小行星的集合，小行星的直径从数米到数百千米不等。一些人认为小行星带本有可能成为一颗行星，但是失败了。事实上，在强大的木星作为近邻的情况下，小行星带演化成行星的可能性相当小。

有人声称我们有理由相信木星是一颗未能演化成恒星的行星。木星的质量是太阳系中其他所有行星质量总和的2.5倍，它过去可能将要演化成恒星。但是太阳系中没有足够的物质来产生两颗恒星并支持其存在，因此木星只好隐藏起它的光芒。

木星是太阳系中第一颗也是最大的一颗气态巨行星，它的岩石核心被包裹在液态金属氢之中。液态金属氢是一种非常不可思议的奇异物质，它只能存在于我们在地球上无法创造的强大压力环境下。

土星和它著名的光环——有可能是一颗被摧毁的卫星的碎片——位于木星之外。在 1781 年天王星被发现之前，土星一直被认为是太阳系的边界。随着 1846 年海王星的发现，我们的视野进一步拓展；当 1930 年发现冥王星时，我们的视野更是向外延伸了一大步。

轨道

轨道是一条弯曲的路径，通常是椭圆形的，它用来描述一个物体在引力的作用下绕着另一个物体运动的轨迹。当说到轨道时，我们通常会想到宏大的尺度，如地球围绕太阳运行的轨道，或者太阳系围绕银河系核心运行的轨道。其实在亚原子尺度上也存在着轨道，如电子围绕原子核运动的轨道。

多年以来，人们一直认为太阳和其他行星都是围绕着地球运转的。这对于处于地面上的普通观测者来说似乎的确如此，但实际上，这是完全错误的。在近现代，第一个指出这一点的是文艺复兴时期的波兰天文学家尼古拉 · 哥白尼。他

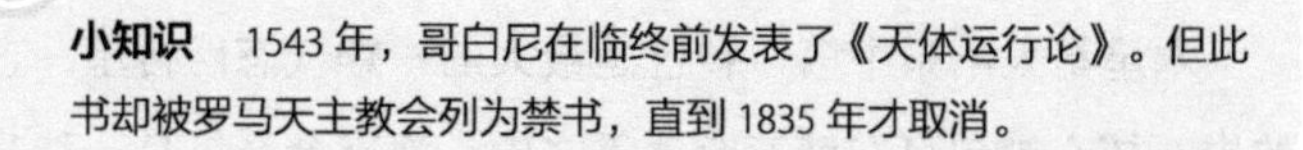

小知识　1543 年，哥白尼在临终前发表了《天体运行论》。但此书却被罗马天主教会列为禁书，直到 1835 年才取消。

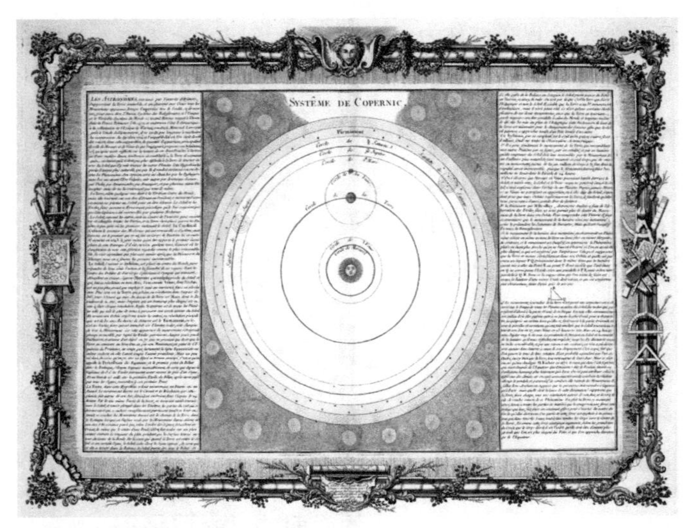

哥白尼的太阳系模型，绘制于 1761 年。

提出地球绕自身的地轴自转，并在其轨道上绕太阳公转。他在《天体运行论》中发表了自己的观点，这是一本开创性的著作，尽管其中有很多错误的地方。

根据哥白尼的理论，天体运行的轨道都是圆形的。德国天文学家约翰内斯·开普勒后来对此进行了研究，才纠正了这一错误的观点。

与哥白尼一样，开普勒也是日心说的坚定拥护者，但他认为行星绕太阳运行的轨道是椭圆轨道，而非圆形轨道。1609 年，他出版了《新天文学》一书，书中指出：每颗行星都沿各自的椭圆轨道绕太阳运行，太阳位于椭圆的一个焦点处；在相等的时间内，太阳和行星的连线扫过的面积是相等的。

这两个结论现在被称为开普勒第一定律和开普勒第二定律。

开普勒第三定律于1619年发表在《世界的和谐》一书中，说明了行星到太阳的距离和行星的公转周期之间存在着明显的关系。从本质上讲，这条定律表明，

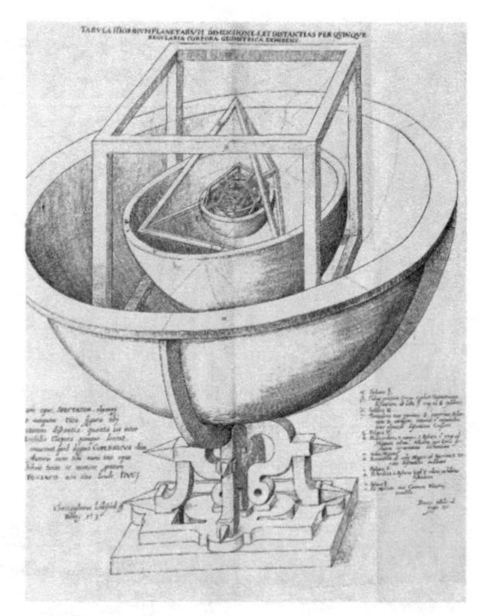

开普勒宇宙模型，绘制于1619年。

水星 金星 地球 火星

太阳

上图显示了行星的相对大小，它们都比太阳小得多。

行星离太阳越远，运行的速度越慢；行星离太阳越近，运行的速度越快。

轨道天体类型

沿轨道运行的物体的尺寸从巨大的天体到亚原子大小不等。对于天文学家来说，研究的轨道天体主要是行星、卫星、小行星和彗星等。

行星

在太阳系中，围绕太阳运行的最大天体是行星。若将这

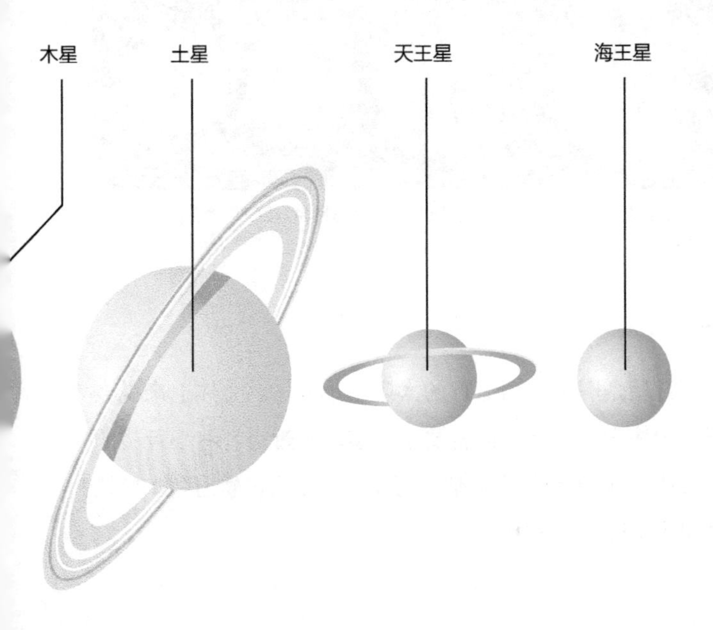

些行星按大小排列：最大的是木星，它的平均直径为 139822 千米；最小的是水星，其平均直径只有 4879 千米。

卫星

即使是被踢出太阳系行星行列的冥王星也有自己的卫星。事实上，除了水星和金星之外，所有的行星都至少有一颗天然卫星。土星除了壮丽的光环，还拥有为数最多的卫星——目前土星已有 82 颗已经确认的卫星。当行星围绕太阳运行时，卫星也围绕着行星运行。木星就是一个典型的例子，它和四颗主要卫星——木卫一艾奥、木卫二欧罗巴、木卫三盖尼米德、木卫四卡利斯托，或许就是一个未能成形的行星系统。

木星的四颗主要卫星，从左至右，按直径大小排列分别为木卫三、木卫四、木卫一和木卫二。

小行星

小行星是围绕太阳运行的太阳系小天体。总体上来说，小行星的体积相对行星而言要小得多。不过也有些小行星的直径可达 1000 千米。大多数小行星都位于火星轨道和木星轨道之间的小行星带之中。

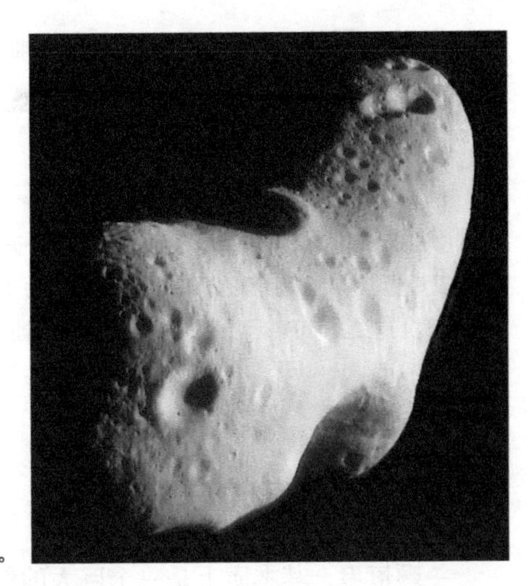

小行星爱神星。

彗星

彗星可以看成是巨大的“脏雪球”，往往存在于海王星轨道之外的黑暗且冰冷的地带里。受邻近恒星的影响，有些彗星会偏离原来所在的位置，在一个细长的轨道上绕太阳运行。在地球上，我们时常看到彗星经过时产生的美丽现象，彗星在经过太阳附近时会稍稍融化，因此留下一条独特而美丽的彗星尾巴。

流星

流星是夜空中闪现的亮线，由行星际物质（如流星体）与地球大气摩擦形成。尽管大多数流星体在进入地球大气后都会燃烧殆尽，但还是有一些会降落到地球表面，形成陨石。较大的陨石有可能摧毁地球上的所有生命，地球历史上的许多关键事件也往往归咎于陨石撞击地球，包括恐龙灭绝。

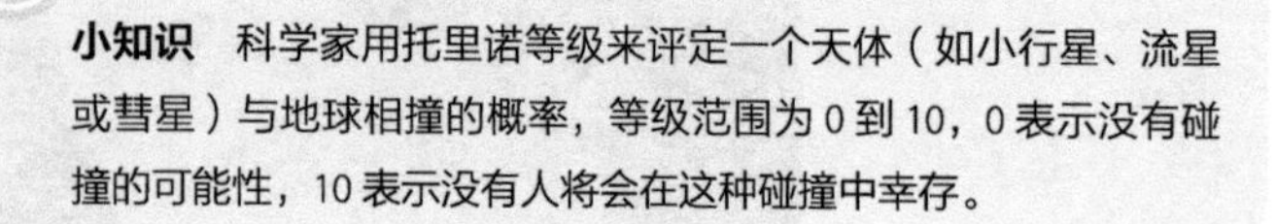

小知识 科学家用托里诺等级来评定一个天体（如小行星、流星或彗星）与地球相撞的概率，等级范围为 0 到 10，0 表示没有碰撞的可能性，10 表示没有人将会在这种碰撞中幸存。

恒星是由什么构成的?

一颗恒星，其本质上是一个巨大的气态核反应堆。当我们在地球上想象时，我们理所当然地认为气体会像是一团几乎不透明的物质云，它会随风飘向任何地方。而实际上恒星中的气体与我们想象的完全不同。

事实上，太阳主要由氢组成，其质量的大约75%为氢，其余的几乎都是氦。尽管也能探测到其他较重元素（如碳和氧）的踪迹，但就像所有其他恒星一样，太阳的能量，也是太阳系中绝大部分的能量，来自于氢通过热核聚变形成氦这一反应过程。这一过程发生在恒星的核心，由此产生的能量通过辐射和对流被带到恒星表面，再从恒星表面辐射到太空中。这听起来是一个很简单的过程，但实际上太阳核心的能量（光子）需要大约1万~17万年才能到达太阳表面。

除了单一的恒星，还有由两颗甚至三颗恒星组成的恒星组合，它们受到相互之间的引力影响而彼此绕转，陷入一场持续数百万年甚至数十亿年的死亡舞会。最终，恒星会燃烧殆尽，最耀眼的恒星往往消逝得最快。

行星是由什么构成的?

行星是具有致密岩石核心的大天体。它们围绕恒星，以椭圆轨道运行。岩石核心可能被密度较低的行星幔（例如地球结构中的地幔）所包围，也可能由一层厚厚的在极端压力下处于液态的物质所覆盖。后者通常可以用来描述在我们的太阳系中的外行星的结构，包括木星、土星、天王星和海王星。

行星一般都有大气层，这些大气层多种多样。例如水星的大气层薄到可以忽略不计，而金星的大气层由温室气体组成且密度极高。

我们把地球绕太阳运行一周（公转）所用的时间记为一年。对于太阳系的其他行星，绕太阳运行一周的时间长短取决于行星所处的位置。离太阳最近的水星只需 88 天就能公转一周，而离太阳最远的海王星则需要 165 年才能绕其轨道运行一周。

小知识 小行星带拥有组成一颗行星所需的所有成分，但即使它组成一颗行星，也将是一颗非常小的行星。作为比较，地球的卫星——月球——拥有的质量就已超过了整个小行星带的质量总和。

卫星是由什么构成的?

卫星是相对较小的天体，其绕行星运行的方式与行星绕恒星运行的方式大致相同，但规模要小得多。地球的卫星——月球——是一个岩石球体，当它把太阳光反射到地球上时，我们就可以看到它。尽管月球的直径约为地球直径的四分之一，但实际上，月球更像是一块漂浮在太空中的巨大岩石。和大多数卫星一样，它因为缺乏足够大的质量来约束气体颗

月球（左上）、木卫三（左下）和地球（右）的大小对比。

粒而几乎不存在大气层。

木卫三盖尼米德是太阳系最大的卫星。如果木卫三绕太阳而不是木星运行，它将被归类为行星。以前人们认为木卫三和我们的月球一样，没有已知的大气层，但是后来哈勃望远镜探测到了它表面存在一个稀薄的含氧大气层。

太阳

太阳原本是一团由气体和尘埃组成的旋转云团，看上去并不是那么有希望能成为一颗恒星，而现在，它已经成长为我们所熟知的成熟恒星。这团古老的气体云在其自身引力的作用下坍缩，这一过程引发了核聚变，进而形成太阳。太阳已经燃烧了大约 46 亿年，其核心剩余的燃料至少还能维持其继续燃烧 50 亿年。

太阳的结构

太阳核心的直径约为 30 万千米，密度约为水的 160 倍。正是在这里，氢通过热核聚变释放出我们赖以生存的能量。事实上，在热核聚变的过程中，只有 0.7% 的质量转化为能量，核心产生的温度超过 1500 万摄氏度。

小知识　太阳以每秒约 6 亿吨的速度燃烧氢，而一克氢通过热核聚变形成氦所产生的能量相当于 6 亿个电热器在一秒内所辐射的能量。

小知识 太阳直径约为 140 万千米，是地球的 109 倍，其体积可容纳约 130 万个地球。

在致密内核的上层是一个我们称为辐射层的区域，这个区域的半径占据了太阳半径的 70%。核心产生的能量以辐射的形式经由该层向外传输，携带能量的光子流要经过漫长的时间才能到达太阳表面。

在辐射层之上是对流层。这是一个 20 万千米厚的区域，在这里，来自核心的能量被气流携带着向外传输。这一层的温度从 200 万摄氏度开始下降，当到达恒星表面时，温度将降低至 5500 摄氏度。

太阳大气层的第一层为光球层。这一层即为我们在地球上可以看到的明亮的太阳表面。

在日全食期间，我们可以观测到太阳的一个独特的粉红色层，那就是色球层。色球层位于光球层之上，温度高达 20000 摄氏度。色球层之外是充满炽热气体的日冕。日冕延伸至外太空数百万千米，其温度可高达 200 万摄氏度。

太阳耀斑

猛烈的磁能作用会撕裂太阳色球层，将带电粒子抛入太空，这样的爆发过程通常持续不超过 20 分钟，被称为太阳耀斑，其释放的能量相当于数亿枚一亿吨级的氢弹同时爆炸。

太阳黑子

太阳表面的超强磁场会使表面产生一些暗斑，被称为太阳黑子。它们之所以看起来暗，是因为它们比周围区域的温度要低。太阳黑子主要出现在太阳赤道附近，最长可以持续存在 6 个月之久。太阳黑子的产生和消失存在着周期性变化，变化周期约为 11 年，这一周期被称为太阳活动周期。

日珥

当裹挟着光和热的气体团呼啸着穿越太阳色球层上层时，

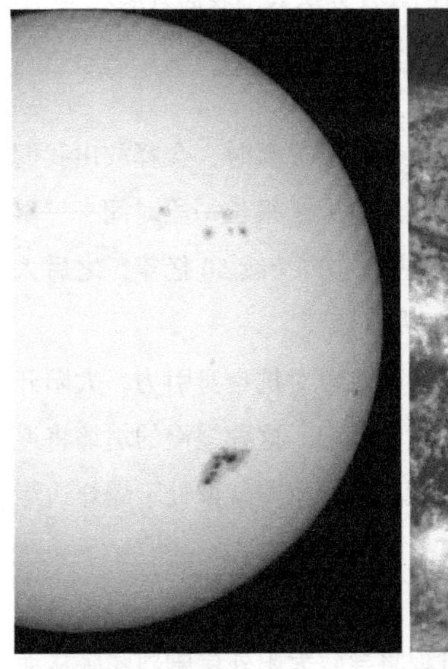

图中的暗斑即为太阳黑子。

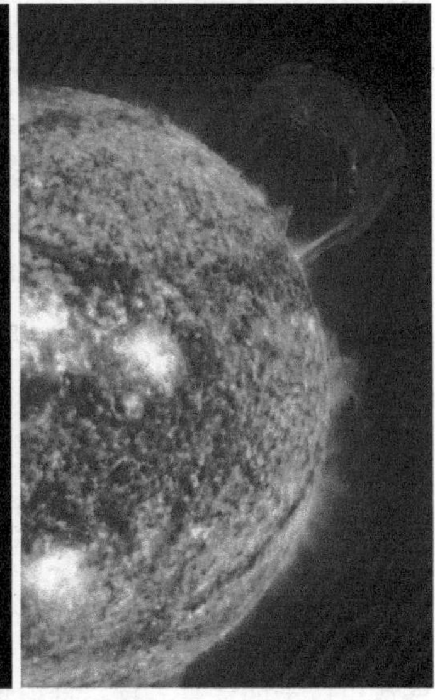

这张壮观的图片显示了太阳炽热的日珥。

小知识 你此刻看到的太阳实际上是过去的太阳，因为太阳光需要 8.3 分钟才能到达地球。

小知识 所有对人类的生存而言至关重要的东西，从吃的食物到化石燃料，都需要从太阳光中获取能量。即便是风力发电也需要依赖于太阳，因为靠太阳产生的能量加热大气才能产生气流，从而产生风。

便形成了被称为日珥的火弧。当太阳表面的磁场变得不稳定时，日珥将会在短短几小时内爆发并从太阳表面升起。

太阳的死亡

太阳核心的氢原子融合在一起形成氦时，会释放出我们赖以生存的能量。这个过程已经持续了很长一段时间——事实上大约有 46 亿年——并且应该会再持续 50 亿年，之后太阳核心的大部分氢将被消耗殆尽。

之后，核心产生的压力将不足以对抗自身引力，太阳开始向内坍缩，从而开始了死亡的过程。这种缓慢的坍缩将逐渐升高恒星中心的压力和温度，使得太阳就像处于爆炸边缘的高压锅一样。

剩余的氢会在核心周围的壳层中发生热核聚变形成氦，释放出巨大的能量。这一过程将导致太阳外层剧烈膨胀从而

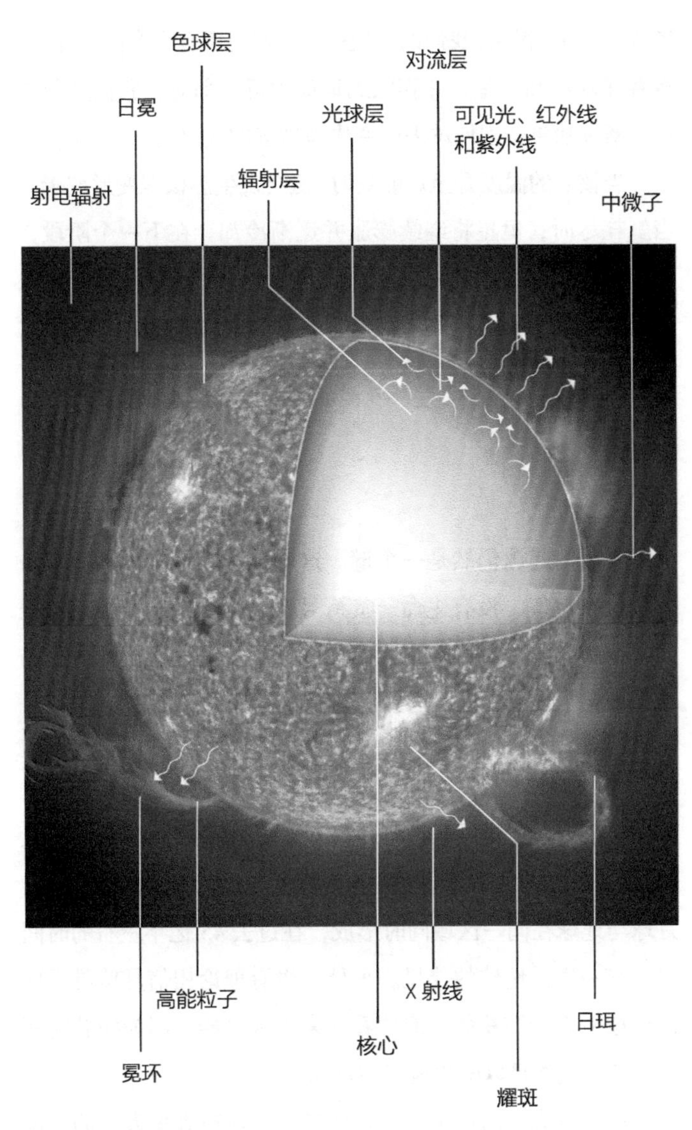

太阳的主要结构和特征。

形成红巨星。很快，我们的母星——地球上所有生命的支撑者，将吞噬水星和金星，并膨胀到地球附近。那时，我们这位炽热的新邻居将会把地球表面变成地狱般的荒漠。

当核心的温度升至足够高时，氦会发生热核聚变形成碳。当氦耗尽时，恒星将继续膨胀并逐渐冷却。在下一个阶段，变成红巨星的太阳的外层将飘散到太空，形成所谓的行星状星云。剩下的核心将逐渐变暗，最终以白矮星的身份结束太阳的生命。

月球

月球的起源仍然是一个谜。这颗地球唯一的天然卫星是一块没有空气、没有生命、贫瘠且布满尘埃的岩石，它的表面被宇宙碎片无数次撞击而显得凹凸不平。尽管如此，它仍然是夜空中最引人注目的景色。

月球的形成

我们可以肯定地说，地球和月球是在大致相同的时间段形成的。但目前的月球形成理论仍只是猜想。有一种理论认为，月球与地球在同一区域同时形成，在过去 45 亿年左右的时间里，它一直是地球的伴星。另外，也有理论相信月球是后期被地球引力所捕获的，但这看起来不太可能，因为捕获时所产生的能量将足以融化地球和月球。

目前最流行的理论是，月球是在地球被火星大小的天体

月球的岩石表面。

撞击后形成的，这一巨大的碰撞使得大量物质进入环绕地球的轨道，而最终形成月球。

月相

月球每个月绕地球运行一周。当太阳光经由月球表面反射到地球时，我们就可以看到淡灰色的月球表面。根据地球

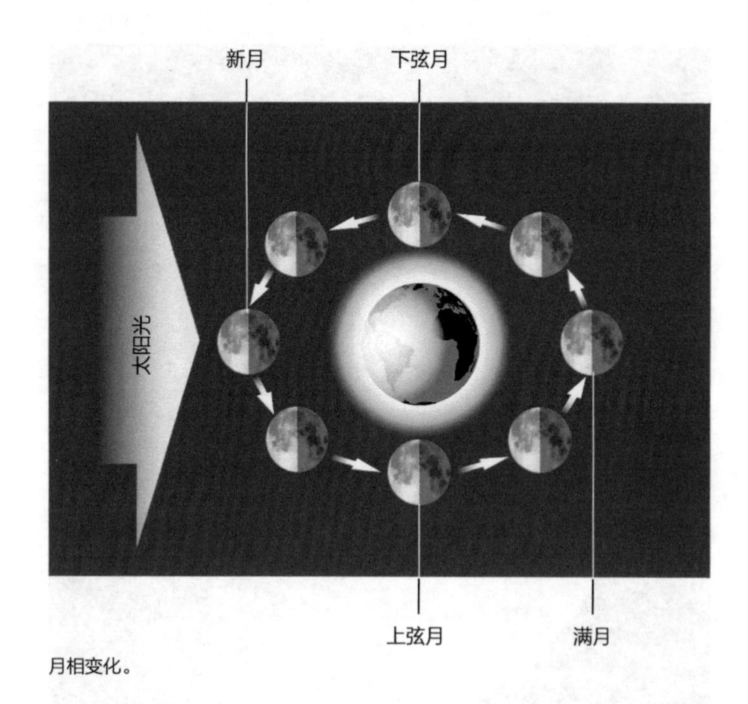

月相变化。

和月球相对于太阳的位置，我们在天空中所能看到的月球表面的区域大小是不同的，这种周期性变化称为月相。在一个变化周期内，一开始，月球像是消失了，然后重新出现，成为一个细长的新月，逐渐成长为一个完整的满月，然后再渐渐消失。

月球表面

月球表面坑坑洼洼、伤痕累累，几十亿年来除了遭受陨石和其他碎片的撞击外，几乎没有什么变化。月球作为地球

第谷陨石坑，它是月球正面的一个辐射状陨石坑。

的“盾牌”，阻挡了许多足以将地球生命毁灭的陨石或小行星，使得地球上的生命得以幸存。月球上有一个直径达 300 千米的陨石坑，从地球上可以很容易地看到它。有些陨石坑呈辐射状结构，这是由陨石坑形成时飞溅出去的物质所描绘出来的，这些陨石坑称为辐射状陨石坑。

日食和月食

食是一种自然现象，是在太空中运动的物体不断上演“宇宙芭蕾”的结果。当月球经过地球和太阳之间时，挡住了来

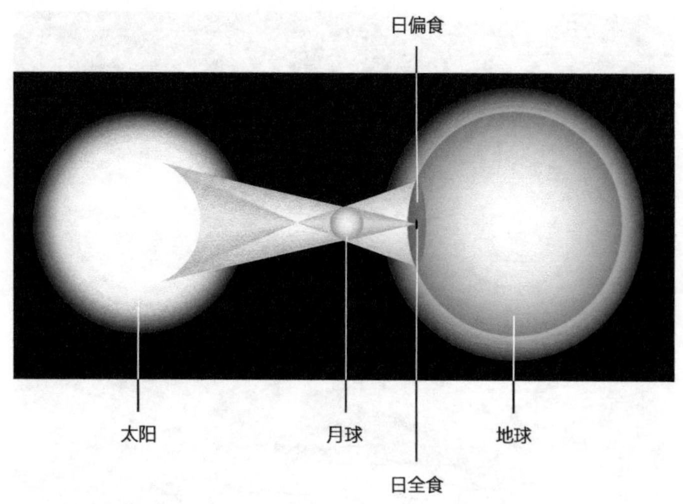

日食发生时月球在地球表面投下阴影。

自太阳的光，并在地球的部分表面投下阴影，日食就发生了。当地球经过月球（满月）和太阳之间时，地球的影子在月球表面投下阴影，月食就发生了。

日食一年发生 2~5 次，且只在被月球所遮挡的阴影区域可见。月食每年至少发生两次，从地球上面向满月的任何一处都可以看到。

当太阳光完全被月球遮住时就会发生日全食。全食现象在银河系的任何地方都是比较罕见的。我们有机会在地球上看到日全食是因为太阳的直径是月球的 400 倍，同时太阳离地球的距离也是月球离地球距离的 400 倍。这一惊人的巧合意味着它们在天空中看起来几乎一样大。所以当月球从太阳前面经过时，对地球上的观测者来说，它会完全挡住来自太阳的光。

彗星

彗星起源于太阳系最冷且最黑暗的区域。这些“脏雪球”大多分布在海王星轨道之外，它们由松散的冰、尘埃和岩石构成，偶尔会在邻近恒星的引力作用下进入围绕太阳运行的椭圆轨道上。根据运行的路径，彗星可能会被捕获并束缚在一个可预测的轨道上，成为太阳系天体。也有的彗星只经过太阳一次，然后进入太空，在它们的有生之年都不再返回。

彗星本身不产生能量，其所发出的光是反射的太阳光。

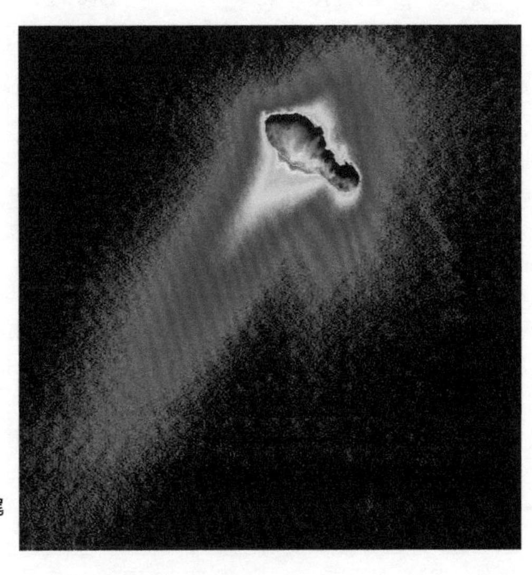

博雷利彗星，其彗尾正在划过天空。

当彗星接近太阳时，它的外壳开始融化，产生由气体和尘埃构成的云状物，称为彗发。彗发受到太阳风的影响，生成背向太阳的巨大尾巴，称为彗尾。尽管彗星的直径可能高达 10 千米，但每绕太阳一周都会导致彗星上物质的流失，最终，这个巨大的雪球将会瓦解或变成岩石废墟。

在科学不太发达的时代，彗星经常被视为末日的预兆，一个由神写在空中的炽热信号。有时，彗星的到来确实与一些重大事件同时发生，但这完全是巧合。

著名的彗星

彗星	发现时间（年）	发现者	最近一次被观测到的时间（年）	下一次可观测时间（年）	周期 / 年
哈雷彗星	公元前 240	未知	1986	2061	76
比拉彗星	1772	夏尔 · 梅西叶	1852	已破碎	—
恩克彗星	1786	皮埃尔 · 梅尚	2020	2023	3.28
法叶彗星	1843	赫夫 · 法叶	2014	2021	7.34
斯威夫特 – 塔特尔彗星	1862	路易斯 · 斯威夫特和霍勒斯 · 塔特尔	1992	2126	133
格雷尔斯 2 号彗星	1973	汤姆 · 格雷尔斯	2019	2026	7.22
科胡特克彗星	1973	卢波什 · 科胡特克	1973	76973	75000
霍威尔彗星	1981	艾伦 · 霍威尔	2020	2026	5.5

（续）

彗星	发现时间（年）	发现者	最近一次被观测到的时间（年）	下一次可观测时间（年）	周期/年
舒梅克–利维 9 号彗星	1993	尤金和卡罗琳·舒梅克夫妇和大卫·利维	1994	已与木星相撞	—
海尔–波普彗星	1995	艾伦·海尔和托马斯·波普	1997	4377	2380
百武彗星	1996	百武裕司	1996	未知	~70000
C/2001 Q4（NEAT）	2001	近地小行星跟踪计划（NEAT）	2004	未知	未知
C/2002 T7（LINEAR）	2002	林肯近地小行星研究小组（LINEAR）	2004	未知	未知

太阳系的行星

水星

水星是离太阳最近的行星，也是太阳系中最小的行星。水星表面伤痕累累，主要由铁组成的核心质量占水星总质量的 80%。水星的引力非常弱以至于大气层极其稀薄，导致水星表面不同区域的温度变化非常大。

与太阳平均距离：5791 万千米
赤道直径：4879 千米
轨道周期：87.97 地球日
平均表面温度：167℃

金星

离太阳第二近的行星——金星——是一个巨大的温室，其表面被浓密的含有硫酸的黄云所笼罩。金星上的大气压力是地球的 92 倍，其表面温度甚至比水星还要高，环境极其恶劣。金星曾被认为是一颗潜在宜居的类似地球的姊妹行星，所以成为众多太空计划的探索目标。

与太阳平均距离：1.08 亿千米
赤道直径：12104 千米
轨道周期：224.70 地球日
平均表面温度：464℃

地球

地球是宇宙中我们目前已知的唯一智慧生命所在地，是四颗地内行星中最大也是太阳系中唯一一颗拥有富氧大气和液态水的行星。地球上的生命受到地球磁场的保护，这个磁场是在地球的核心产生的，其影响范围延伸到遥远的太空。

与太阳平均距离：1.5 亿千米
赤道直径：12756 千米
轨道周期：365.26 天
平均表面温度：15℃

地球的卫星——月球

地球上每天都发生的潮汐涨落是地球、月球和太阳之间引力相互作用的结果。尤其是在新月和满月的时候，太阳、月亮与地球在同一条线上，会出现大潮。小潮是太阳和月球相对地球成直角的结果。月球距地球约 384000 千米，每

27.32 天绕地球转一周。

月球的背面一直是个谜，直到 1959 年 10 月，苏联的月球 3 号探测器发回了月球背面照片才解开了这个谜。因为月球是绕地球公转的同步自转卫星（即自转周期与公转周期相同），所以我们看到的月球总是以同一面面对着我们。

火星

火星因为其表面覆盖着红色的氧化铁尘埃而被大家称为“红色星球”。火星是与地球最相近的行星，它有云、峡谷、山脉、河谷和沙漠，甚至还有白色的极地冰冠。尽管如此，火星仍只是一个寒冷、干燥、无生命的星球，它的大气稀薄，且主要由二氧化碳组成。火星有两颗卫星，即火卫一（福波斯）和火卫二（得摩斯）。

与太阳平均距离：2.279 亿千米

赤道直径：6786 千米

轨道周期：686.98 地球日

平均表面温度：−63℃

木星

行星之王——木星——是一个巨大的天体，主要由氢组成。它本质上是一颗在形成恒星过程中失败的行星，在木星的轨道上有着属于自己的迷你“行星系统”。木星是4个外行星中的第1个，其体积比地球大1300倍，质量相当于其他行星质量总和的2.5倍。

与太阳平均距离：7.786亿千米

赤道直径：142984千米

轨道周期：11.86地球年

平均表面温度：−108℃

木星的卫星

木星共有79颗卫星，其中最主要的四颗卫星称为伽利略卫星，以伽利略·伽利雷的名字命名。伽利略在1609年用望远镜观测天空时发现了这些卫星。这些卫星与月球大小相近，它们的大小在太阳系的卫星中均排在前十以内。

艾奥——木星的第一颗伽利略卫星是炽热的木卫一艾奥。它离木星很近，内部受到木星强大的引力作用而产生极端的地质活动。艾奥的表面有数百座活火山，富含硫化物的熔岩流覆盖地表，形成红、黄、白、黑、绿等各种不同的颜色，使得它的表面看起来异常鲜艳。

欧罗巴——科学家对木卫二欧罗巴非常感兴趣。虽然这颗被冰覆盖的卫星不适合人类生存,但它仍可能是生命的家园。卫星表面冻结的冰壳下是液态海洋，这里的冰火山喷发或间歇泉活动可能会诞生生命，这一过程类似于地球上深海热泉周围的生命形成过程。

盖尼米德——木卫三盖尼米德是太阳系中最大的卫星，比水星、冥王星和月球都大，其直径约为 5268 千米。木卫三由大致等量的岩石和冰组成。它表面伤痕累累，布满撞击坑、槽沟和山脊。

卡利斯托——伽利略卫星中处于最外层的木卫四卡利斯托，其表面布满了撞击坑，其中包括太阳系中已知最大的多环结构撞击坑——瓦尔哈拉撞击坑。尽管木卫四的直径相对较大（4800 千米），但它的密度只有月球的一半。

木星和它的四颗伽利略卫星，从上到下依次为木卫一、木卫二、木卫三和木卫四。

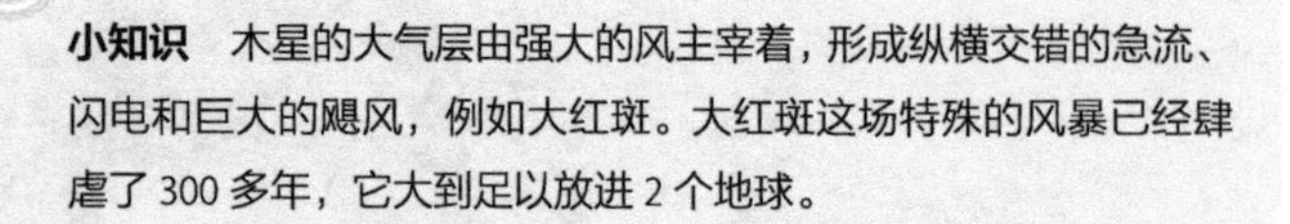

小知识 木星的大气层由强大的风主宰着，形成纵横交错的急流、闪电和巨大的飓风，例如大红斑。大红斑这场特殊的风暴已经肆虐了 300 多年，它大到足以放进 2 个地球。

土星

土星是太阳系中密度最小的行星，其密度比水都小。土星以其壮丽而独特的光环而闻名，它是最早被发现具有光环

与太阳平均距离：14.3 亿千米

赤道直径：120536 千米

轨道周期：29.46 地球年

平均表面温度：−139℃

的行星。土星拥有 82 颗卫星和 7 个主环，其中 3 个环可以通过普通望远镜从地球上观测到。土星环由冰尘埃颗粒和由冰层覆盖的岩石组成，这些物体小到如一粒沙子，大到像一辆大巴车。

土星的卫星

土星拥有太阳系中数量最多的卫星，第一颗被发现的土星卫星是土卫六——泰坦，于1655年由荷兰科学家克里斯蒂安·惠更斯发现。土卫六是太阳系第二大卫星（仅次于木卫三），也是已知唯一拥有完整浓厚大气层的卫星。

这颗卫星主要由岩石和冰组成，其独特的大气层吸引了地球科学家们的兴趣。其大气中富含氮和甲烷，还有少量其他化学物质，而正是最近发现的丙烯氰分子引起了科学家们的注意。

最有可能存在生命的地方

在我们的宇宙中，除了地球，最有可能存在生命的地方是：

1. 火星：在火星上任何地方都可能存在细菌化石。火星上的生命可能存在于地表深处的液态水中。事实上，在地球地表深处也存在细菌。

2. 木卫二：木星的卫星之一，在其冰壳下可能有液态水，而强烈的潮汐和磁场活动可以产生热量，两者的结合可能产生类似于地球海洋海底热泉附近的生命生存条件。

3. 土卫六：土星最大的卫星，有一个浓厚且富含有机物的大气层，大气成分与早期地球的大气相似；它还拥有固态水和一个炽热的核心。

由于丙烯氰是与地球生命形成相关的关键有机化学物质之一，一些科学家推测，土卫六可能是某种生命的家园。然而，土卫六的表面温度为 -180℃，这意味着，如果生命在那里诞生并进化，其生命形态和进化过程肯定和我们人类不一样。

天王星

天王星位于冰冷的外太阳系的深处，拥有一个由气体和

与太阳平均距离：28.7 亿千米
赤道直径：51118 千米
轨道周期：84.01 地球年
平均表面温度：−197℃

冰包裹着的岩石核心，富含甲烷的大气层使它呈现出蓝绿色。此外，它的转轴倾角（轨道平面与赤道平面的夹角）为97.77°，自转轴看上去是“躺”在轨道平面上的。天王星还有一个由13个光环组成的行星环系统。

天王星的卫星

天王星有27颗卫星，它们都由岩石和冰构成。最大的四颗卫星分别是天卫三（泰坦尼亚）、天卫四（奥伯龙）、天卫二（乌姆相里厄尔）、天卫一（艾瑞尔），正如其他多数卫星一样，它们的表面也都有陨石撞击坑。天卫五（米兰达）是离天王星最近的主要卫星，却展示了完全不同的景象。

天卫五比天王星的其他主要卫星要小，于1948年被美国天文学家柯伊伯发现。它的表面有许多有趣的特征，包括巨大的悬崖、宽阔的平原和深深的峡谷，其中一些峡谷比地球上的科罗拉多大峡谷还要深10倍，这些峡谷在照片上显示为卫星表面巨大的沟槽。

科学家们推测，如果没有发生侵蚀，是不太可能出现这些神奇特征的。早期的理论认为，天卫五可能在过去的某个时候与一个大物体发生碰撞而粉碎，后来才重新聚合呈现出我们所观测到的这种奇特的表面。这也许也是这颗由几乎等量的冰和岩石组成的卫星上存在着一个5千米高的悬崖的原因。

与天王星所有卫星的名称来源一样㊀，米兰达取自莎士比

㊀ 天王星的27颗卫星都为纪念莎士比亚和蒲柏两位文豪而以他们作品中的人物命名。

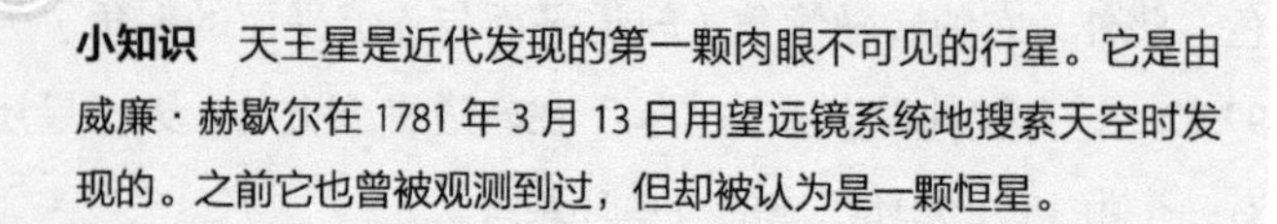

小知识 天王星是近代发现的第一颗肉眼不可见的行星。它是由威廉·赫歇尔在 1781 年 3 月 13 日用望远镜系统地搜索天空时发现的。之前它也曾被观测到过，但却被认为是一颗恒星。

亚的作品《暴风雨》中魔术师普洛斯彼罗的女儿的名字。

海王星

海王星的大小和结构与它的邻居天王星相似，是太阳系中最后一颗真正的行星。海王星的大气主要由氢组成，但是由于微量甲烷的存在，其大气呈亮蓝色。和天王星一样，海王星也有一个环系统，包括 5 个主要的行星环。

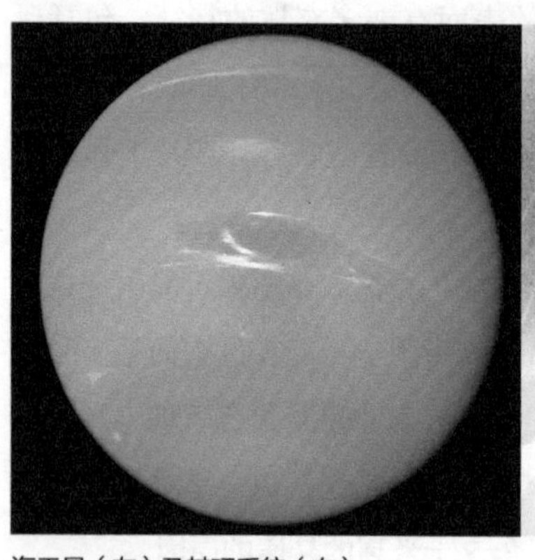

海王星（左）及其环系统（右）。

与太阳平均距离：44.9 亿千米
赤道直径：49528 千米
轨道周期：164.79 地球年
平均表面温度：−201℃

小知识 太阳系中最寒冷的地方位于海王星的卫星海卫一，那里的温度低至 −235℃。

我将会有多重?

在地球上，我们受到地球的引力影响而进化。地球对我们施加的引力大小（体现为重力加速度）在很大程度上是由这个星球的质量所决定的。你的重量是由地球表面的重力加速度和自身的质量共同决定的。在另一个不同质量的星球上，你的重量将不同于地球上的重量。

下表是一个人在不同星球上的相对重量以及星球表面的重力加速度。

星球	相对重量（以地球为 1）	重力加速度（m/s^2）
水星	0.38	3.70
金星	0.91	8.87
地球	1	9.81
月球	0.17	1.62
火星	0.38	3.69
木星	2.48	24.79
土星	1.07	10.44
天王星	0.91	8.87
海王星	1.14	11.15

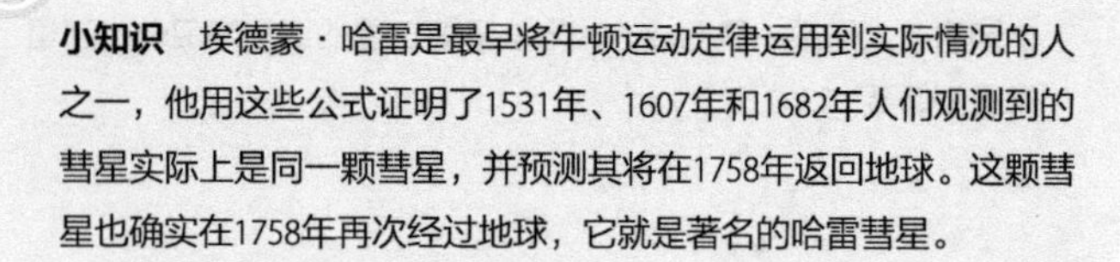

小知识　埃德蒙·哈雷是最早将牛顿运动定律运用到实际情况的人之一，他用这些公式证明了1531年、1607年和1682年人们观测到的彗星实际上是同一颗彗星，并预测其将在1758年返回地球。这颗彗星也确实在1758年再次经过地球，它就是著名的哈雷彗星。

恒星和星座

什么是恒星?

恒星是不存在标准恒星这一说的。这些巨大、炽热、发光的气体球因质量的不同而变化很大，质量这一因素影响着恒星的大小、温度、颜色、亮度和寿命等方方面面。即使是看上去非常相似的恒星，由于其生命周期内发生的内部变化不同，它们的特征也会有所不同。

宇宙中大部分可见物质为恒星。据推算，宇宙中有数万亿亿颗恒星，我们所在的银河系就包含数千亿颗恒星。除太阳外，最接近地球的恒星是比邻星，在距离我们约 4.2 光年之外。迄今为止，人类观测到的最遥远的恒星——伊卡洛斯，正在宇宙深处散发着幽幽蓝光。它距离地球超过 90 亿光年，亮度是太阳的 100 多万倍。

事实上，那些过于遥远的恒星可能已经不存在了，而我们通过接收它们经过漫长岁月传送到地球的光所看到的只是它们过去的样子。

宇宙中恒星的常见形态是成对的恒星（双星）、多体系统或由包括星云（由气体和尘埃组成的云）在内的多个成分组成的星团。这些恒星围绕一个共同的中心运行，这个中心通常位于任何单个恒星轨道以外的一点。在双星系统中，其中一颗恒星可能太暗以至于我们在地球上无法观测到。但看不见的恒星会影响另一颗（可见）恒星的运动，它会在经过

大麦哲伦云中的星团，由哈勃望远镜拍摄。

另一颗恒星与地球之间时遮挡部分的恒星光，因此天文学家可以通过这些特征来识别双星系统。

恒星的质量

恒星可以根据其质量来分类。当描述恒星的质量时，我们通常用太阳的质量作为基准。太阳的质量即为一个太阳质量。最暗的矮星的质量可能只有 0.08 个太阳质量，而超巨星的质量可高达 120 个太阳质量。大多数恒星的质量位于 0.08~60 个太阳质量之间。

恒星的质量（所含物质的总量）与其体积（所占空间的大小）可能并无相关关系。例如，参宿四是一个脉动的红超巨星，它的平均直径是太阳的一千多倍，这意味着它的体积是太阳的数十亿倍。尽管如此，参宿四的质量却只有太阳质量的 15 倍，即使是地球上的空气的密度也比红超巨星参宿四的密度大。

天体类型	一小勺天体物质的质量	等效地球上的物体
太阳（黄矮星）	10 克	一块糖
白矮星	5 吨	一头非洲象
中子星	100 亿吨	珠穆朗玛峰

恒星的距离

宇宙是如此之大，以至于无法用言语来表达它的真正规模。以千米为度量单位的距离，在太阳系的边界之外没有任何意义，我们通常使用的距离单位是大自然自己的尺度——

光年。一光年是一束光在一年内穿过真空空间的距离。光在一秒钟内能传播 30 万千米，一年就是 9.461 万亿千米。

下图是猎户座的图片。从地球上看，这些恒星在夜空中像是处在同一平面并构成神话中猎人的模样，但事实上它们彼此之间的距离都非常遥远。图中的几颗亮星距离我们 200~2000 光年不等。

猎户座。

星等

恒星的亮度是由它发出的辐射总量所决定的，以星等来衡量。令人困惑的是，最亮的恒星却被赋予最低的星等数字，而且有两种不同的星等：视星等和绝对星等。

视星等是从地球上看恒星亮度的量度。离我们更近的恒星往往显得更亮，而来自更远恒星的光在经过太空时会耗散得更多，显得它们不那么亮。

绝对星等是对恒星亮度的一种更真实的量度，它是从32.6光年的标准距离观测恒星得到的星等。这去除了距离因素，是对恒星真实亮度的一种更为精确的衡量。

从地球上看20颗最亮的星（太阳除外）

名称	视星等	绝对星等	名称	视星等	绝对星等
天狼星	−1.43	1.4	马腹一	0.61	−5.42
老人星	−0.72	−5.63	河鼓二	0.77	2.21
南门二	−0.27	4.34	十字架二	0.85	−3.77
大角星	−0.04	−0.3	毕宿五	0.86	−0.8
织女一	0.03	0.58	心宿二	0.96	−5.38
五车二	0.08	−0.48	角宿一	0.98	−3.55
参宿七	0.12	−7.84	北河三	1.14	1.07
南河三	0.38	2.66	北落师门	1.16	1.73
参宿四	0.42	−6.05	天津四	1.25	−8.73
水委一	0.45	−2.78	十字架三	1.25	−3.92

小知识 古希腊天文学家喜帕恰斯不仅提出地球不是平的，还创立了星等的概念。他将恒星按照亮度分成不同的等级，最亮的归为一等星，最暗的归为六等星，每级之间亮度相差2.5倍。

恒星的光谱型

恒星可根据其光谱特征，即其所发射的电磁辐射强度进行分类。星光通过棱镜或衍射光栅分裂成彩虹般的连续光谱，其中穿插着暗色的谱线，这些谱线表明恒星中存在某些元素。这为天文学家提供了一份包含恒星元素成分的列表，对于确定恒星的性质和生命周期非常有用。

根据光谱特征，恒星主要被分为七个光谱型，每个光谱型都用一个字母表示，分别为：O、B、A、F、G、K、M。这七个大类每一个又被进一步分为 0 到 9 这 10 个子类。恒星的光谱型反映了其表面温度的高低，我们的太阳属于 G2 光谱型。

小知识 星星看上去一闪一闪是由于星光穿过地球大气中运动的气体时发生折射而引起的。

赫罗图

天文学家可以从一颗恒星的颜色来了解它的许多性质，但这可能具有欺骗性。我们经常形容一些极热的东西为“热得发红”。但这样的词在应用于宇宙空间时，意义不大。最热的恒星实际上是蓝色的，而“最冷”（2500~3500℃）的恒星是红色的。

恒星的光谱型 / 颜色（代表温度）和星等（代表亮度）

之间的关系可以绘制在一个称为赫罗图的图表上。在赫罗图中，最热的恒星在最左边，最冷的恒星在最右边；最亮的恒星在顶部，而最暗的则在底部。

将大量恒星绘制在赫罗图上后，图中会出现一条从左上到右下的宽对角线，称为主序带。处于这部分位置的恒星被称为主序星，这也是大多数恒星在其生命的大部分时间所处

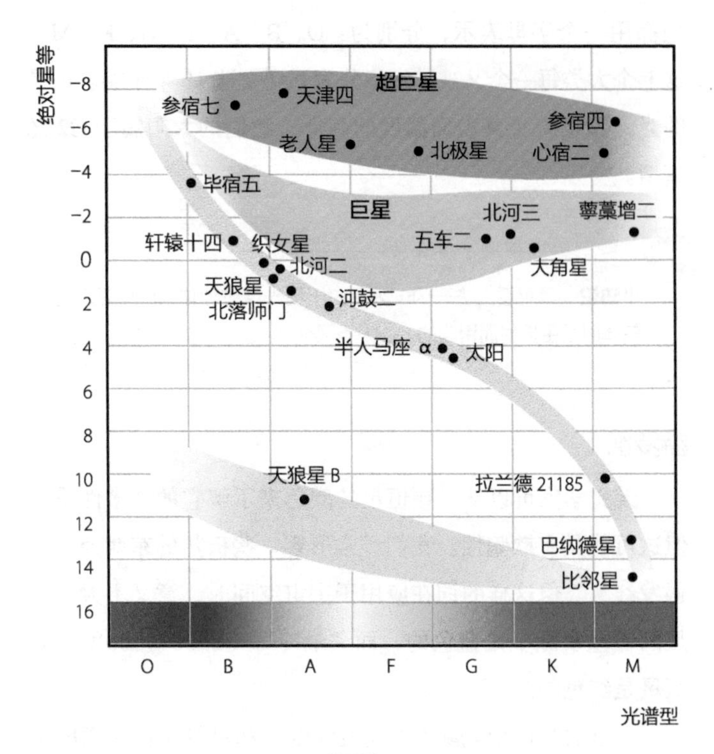

赫罗图。

的阶段。我们的太阳就是一颗位于主序带上的黄矮星。在主序带之上是巨星和超巨星，主序带之下是白矮星。

恒星的生命周期

有人说，死亡是生命中唯一可以确定的东西，即使是恒星也是如此。它们诞生，发展到成熟，再逐渐消失，最终死亡。恒星的死亡有多种形式，一些呈现出壮观的景象，另一些则缓慢和悲伤。死亡是我们人类和我们的宇宙同伴们共同经历的事件之一。

恒星诞生于巨大的气体和尘埃云中，云团的规模几乎超出了我们的想象。鹰状星云就是这样一个由气体和尘埃组成的巨大云团，其中有一个区域名为创生之柱，在其中一根气体柱就可以轻易地容纳下我们的整个太阳系。

当气体和尘埃云受到干扰时，云中某一区域密度增加，恒星的形成过程就开始了。引力使致密区域收缩，更多的物质被吸引，使它变得越来越致密并变成球状。它的温度从绝对零度（–273.15℃）以上一点点开始升高，然后原恒星形成并发出红外辐射，使得我们可以使用红外望远镜探测到它。

至此，原始的气体和尘埃云已经在核心凝结，其温度将迅速上升，直到大约 1000 万摄氏度时，氢原子相互结合形成氦，在被称为热核聚变的过程中释放出巨大的能量，从而开始了恒星的生命周期。恒星的寿命长短将在很大程度上取决于它此刻的质量。

恒星的死亡

当恒星开始步入死亡进程，也就是说当其核心的核反应开始停止时，恒星就会变得非常不稳定。对于像太阳这样的恒星来说，核反应停止后，恒星会非常迅速地演化成一个红巨星，然后再转变成一个暗淡的白矮星，这颗白矮星将会被膨胀的气体外壳所包围，这种气体外壳被称为行星状星云。行星状星云很漂亮，大质量恒星死亡时的景象会更加壮观和激动人心。

小知识 恒星不可能无限增长，宇宙会限制恒星的质量上限。质量超过一定限度的恒星将会被自身的辐射所毁灭。

低质量恒星

质量不到太阳质量一半的恒星称为低质量恒星，它们发出的光芒十分微弱，但却会持续数百亿年。这样的恒星大多会演化为红矮星，它们的表面温度相对较低，通常在3500℃左右，并发出红光。红矮星是可观测宇宙中最常见的恒星类型。

气态巨行星格利泽 876b 的艺术构想图，其母星为红矮星格利泽 876。

中等质量恒星

质量介于太阳质量的一半和 10 倍太阳质量之间的恒星为中等质量恒星，其生命周期更短但却更有趣。这类恒星对我们人类而言特别有研究意义，因为太阳就属于这一类恒星，它的命运与其他类似质量的恒星是相同的。

这些恒星已经从原恒星阶段转移到主序阶段，主序阶段是恒星生命中最长的部分，它们通常会持续发光 100 亿年左右。（太阳正处于主序阶段的一半左右）。一旦核心的氢燃料耗尽，恒星外层开始向内塌陷，直到相应的压力和能量增加，导致恒星再次膨胀，成为一个红巨星。

当这种情况发生时，诸如氦和碳等元素开始在恒星核心“燃烧”，而恒星的外层逐渐飘散到太空中，形成行星状星云。不久之后，其将只剩下致密的核心，体积越来越小，逐渐变暗，最后变成白矮星——曾是被认为是宇宙幽灵的恒星类型。

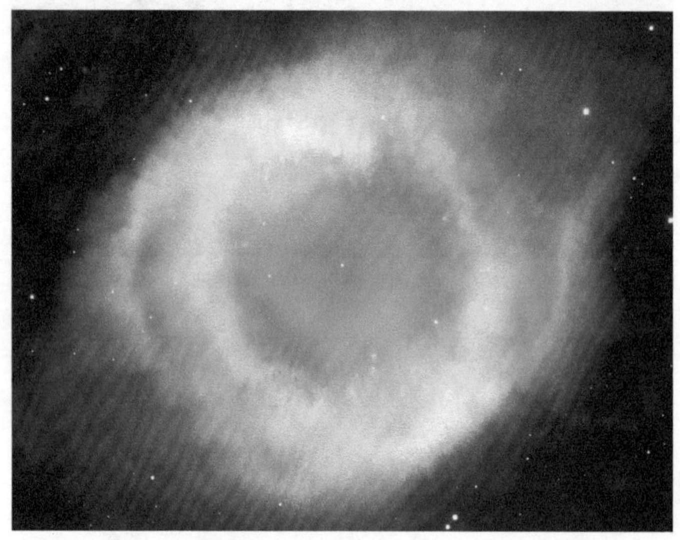

著名的行星状星云——螺旋星云。

大质量恒星

大质量恒星的质量至少是太阳的 10 倍，它们的寿命虽短但很辉煌。它们在数千万年甚至数百万年内就迅速耗尽燃料，然后膨胀为红超巨星。当红超巨星的核心坍缩时，就会产生类似爆炸一样的效果。这种爆炸称为超新星爆发，恒星从外层爆炸，产生一个剧烈的闪光，其剧烈程度甚至能让地球上的我们肉眼观测到。如果恒星的核心在爆炸中幸存下来，它将进一步冷却和坍缩，形成一个小而密度极高的中子星或者黑洞。

超新星爆发

一颗恒星必须拥有至少 10 个太阳质量才能被认定为大质

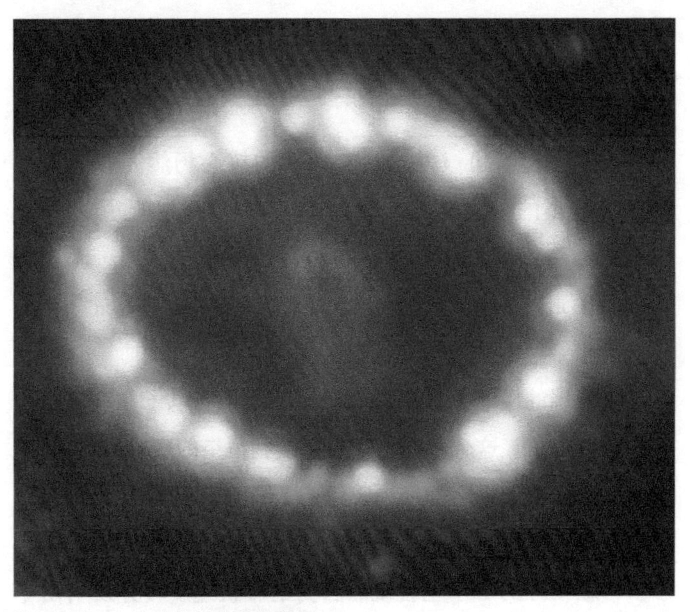

超新星 1987A，由哈勃空间望远镜拍摄。

量恒星。一颗如此巨大的恒星的生命将以剧烈的爆炸而告终，所产生的能量足以使得它的亮度在短时间内比一个由数十亿颗恒星组成的星系更亮。

大质量恒星在数千万年甚至数百万年内就会耗尽燃料。当它演化成一个超巨星时，它的外层将膨胀，其半径可达太阳半径的 1000 倍。而恒星的引力会导致其核心坍缩。这种情况将以惊人的速度发生——通常不到一秒钟——并触发令星系都为之震颤的爆炸，这就是超新星爆发。

根据恒星的原始质量和爆炸后的质量，恒星的剩余核心——如果它仍然幸存——将继续演化，成为中子星或者黑洞。

中子星与脉冲星

如果在超新星爆发之后，恒星的核心仍然完好无损并拥有足够多的物质使其质量处于 1.4~3 个太阳质量之间，那么引力将继续发挥作用，将恒星压缩至比白矮星（这将是太阳的最终归宿）还要小，并带领我们进入更加奇异的领域。

在极端的压缩下，恒星核心中的质子和电子会被挤压在一起形成中子。这个过程将一直持续到恒星的直径只有 20 千米，你是否还记得它的半径曾经是太阳的 1000 倍呢？最终形成的天体被称为中子星。

一颗年轻的中子星会绕着自身的轴快速旋转并发射出令人难以置信的强大辐射。辐射在中子星磁场的引导下朝两极发射出去。如果辐射的方向正好朝向地球，它将作为一个规则的无线电波脉冲[㊀]而被探测到。这种能被探测到脉冲的中子星被称为脉冲星。脉冲星还可以发出其他形式的电磁辐射，如强 X 射线和可见光。

中子星脉冲的速率由其自转速率决定。慢脉冲星可每 4 秒自转一周；快脉冲星可以以大约每秒 30 次的速率自转。

黑洞

如果一颗超新星爆炸之后仍然存在一个质量超过 3 个太阳质量的核心，那么之后发生的事情就神奇得像是科幻小说中发生的事情。在这个核心中，来自核心物质的压力无法抵抗引力而不断被压缩，理论上可以压缩至体积为零而密度为无穷大的点。这一点被称为奇点，在这个阶段，传统的物理定律都已不再适用。

奇点所产生的引力场强度是如此之大，以至于在它周围的空间区域内，任何东西——甚至光——都无法逃逸。这个区域被称为黑洞，黑洞的边界则被称为视界。

小知识 如果想把地球变成一个黑洞，我们需要将地球压缩到其直径只有一厘米。如果把一袋在地球上重 1 千克的糖带到黑洞的边缘，那么在极端引力的影响下，它的重量将增加到 1 万亿吨。

㊀ 突变并持续较短时间后迅速回归初态的一种信号。 ——编者注

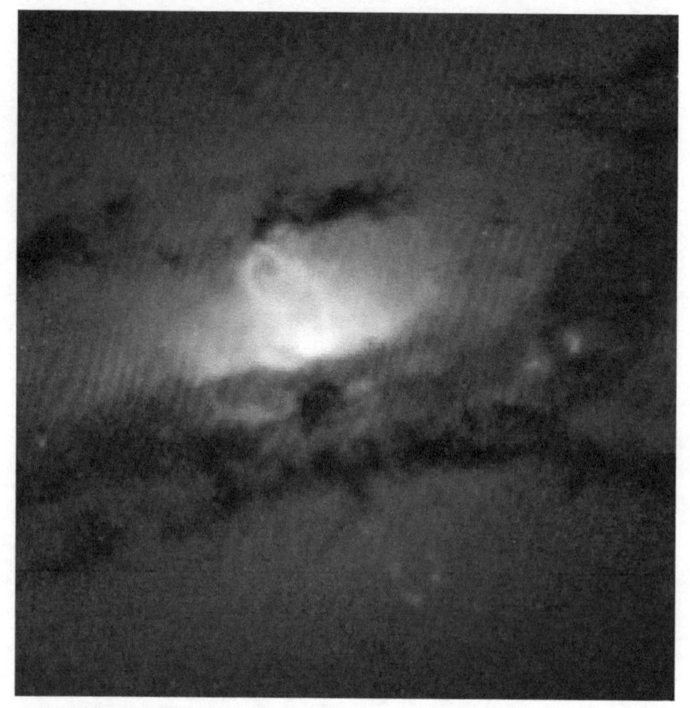

正在“吹泡泡”的黑洞。

小知识 恒星在夜空中不会停留在同一个位置，它们从东方升起，在西方落下，就像太阳一样。如果你用望远镜观察恒星，你会发现它们在不停地移动，如果在同一位置上拍摄夜空数小时，就会得到恒星运动的轨迹——星轨。为此，天文学家将望远镜安装在特殊的支架上，支架的运动速度和方向与目标恒星相同，这样就可以精确追踪恒星。

元素工厂

德国物理学家维尔纳·海森堡因其在量子力学方面的工作而获得 1932 年的诺贝尔物理学奖，他提出了所有元素都建立在质子和电子的基础上的理论，这一理论间接地说明了所有元素都可以由氢，即恒星的原始燃料产生出来。

1938 年，另一位名叫汉斯·贝特的德国物理学家对重元素是如何通过这种方式形成的给出了令人满意的解释。简言之，他提出坍缩的恒星可以充当元素工厂，元素由恒星核心的质子和电子合成。

基于这个想法，印度出生的天体物理学家苏布拉马尼扬·钱德拉塞卡研究了大质量恒星生命的最后阶段。他提出，当这种类型的恒星在遥远的太空中发生剧烈的超新星爆发时，将会合成碳、铁甚至金等重元素。随着时间的推移，这些元素将成为宇宙中新的恒星和行星的原材料。

作为碳基生物，来自恒星爆炸的元素也是我们身体组成的一部分。本质上，我们都曾是星尘，而且也将再次成为星尘。

双星

太阳在很多方面都与宇宙中的其他恒星并无区别，但有一点它很特别——它是一颗单独存在的恒星。在有记录的恒星中大约有一半的恒星是与其伴星一起存在的，它们被称为双星系统。双星在彼此引力的作用下围绕共同中心运行，它们绕这个中心运行一周所需的时间称为轨道周期。到目前为止，观测到的双星的轨道周期范围从几小时到几百天不等。

食双星

在不同的夜晚观测遥远的恒星，其亮度可能会有所不同。在许多情况下，这是由于在它周围的轨道上有一颗较小的、看不见的恒星。这种双星系统被称为食双星系统，当较小和较暗的恒星经过可见恒星和我们在地球上的观测点之间时，它会导致我们接收到的光出现特征性下降。这种周期性波动可以在图表上画出来，所构成的线被称为光变曲线。

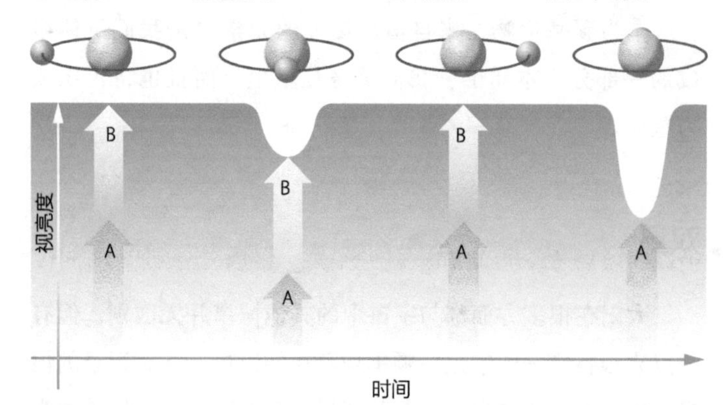

一颗恒星（A）周围有一颗较小的恒星（B）围绕其运行时我们所接收到的光的变化。

星团

恒星通常以成团的形式出现，一系列恒星在相互之间的引力作用下聚集在一起组成的集合体称为星团。这些恒星有着共同的经历，它们都是在同一个巨大的气体尘埃云中产生的。这意味着它们的年龄和化学组成类似。然而，它们也会彼此不同，因为恒星性质和类型的真正决定因素是其质量。星团可分为两种类型：球状星团和疏散星团。

球状星团

球状星团因为被引力紧紧束缚，使得恒星高度向中心集中，因而外观呈球形。球状星团大多存在于环绕星系中心的

武仙座球状星团 M13。

小知识 1974 年，科学家们从地球向球状星团 M13 发送了一条无线电信息，希望会有外星文明能够接收到。这条信息包含了人类信息和地球信息，它将在 2.5 万年后抵达 M13。

球形晕中。到目前为止，在银河系中已经发现了大约 150 个球状星团，其中大多数包含年龄超过 100 亿年的恒星。

疏散星团

顾名思义，疏散星团是一种松散的恒星集合，它们之间的引力约束比球状星团要弱得多。在旋涡星系中，疏散星团大多位于旋臂上气体密度最高的地方，其恒星数量从数百颗到数千颗不等。疏散星团中的恒星比球状星团中的恒星更年

昴星团，一个美丽的疏散星团。

轻，在星系中其他天体的引力干扰下，这些年轻而明亮的恒星可能会脱离星团。

星云

星云是由气体和尘埃组成的星际云。它们通常是恒星形成的区域，里面含有恒星诞生所需的必要物质。根据星云的发光性质，可将其分为两大类：亮星云和暗星云。

亮星云

亮星云包括两种主要类型：发射星云和反射星云，它们都与恒星的形成有关。发射星云大多是红色的，它们是由处

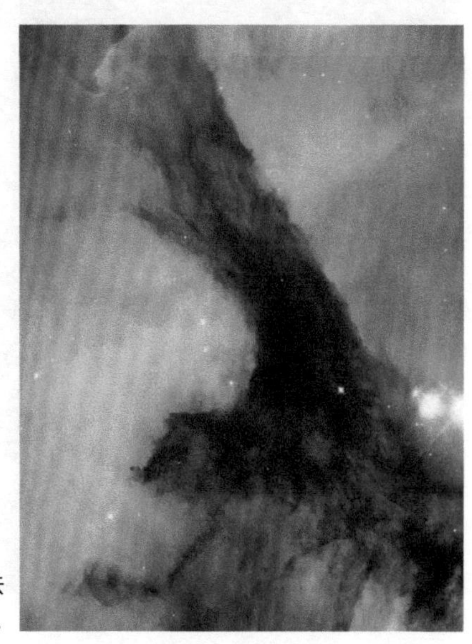

图为三叶星云，它是发射星云和反射星云相结合的罕见例子。

于星云中心的年轻恒星辐射而发光的。而反射星云则倾向于呈现出蓝色，它们所含的尘埃散射了内部或周围年轻恒星发出的光而被看见。另外还有两种特殊的亮星云，它们都是恒星死亡的结果。

首先是行星状星云，一颗垂死的红巨星向外抛射它的气体外层时形成一个由发光气体组成的膨胀外壳，这便是行星状星云形成的原因。这些星云非常壮观，在它们永远消失之

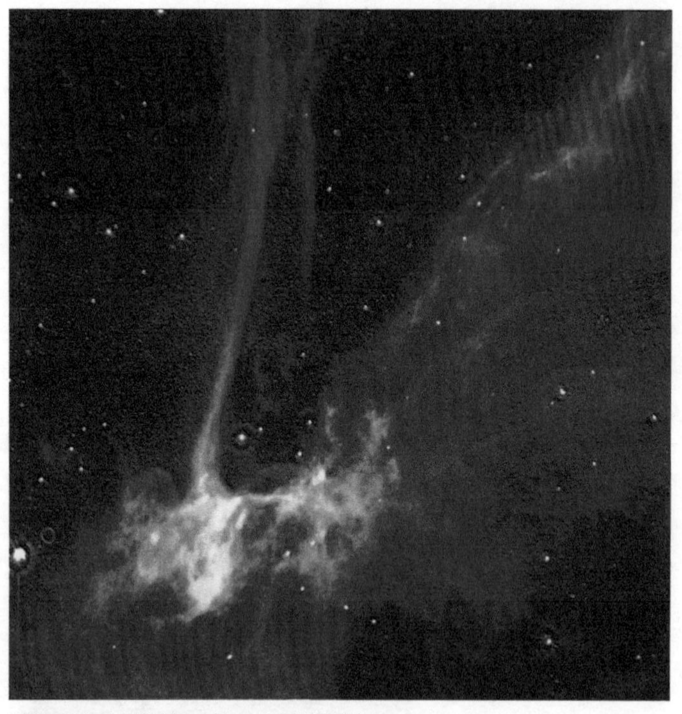

天鹅圈是位于天鹅座的一个巨大的超新星遗迹。

前，会持续存在数万年的时间，尽管这对于宇宙来讲只是短暂的一瞬。

其次是超新星遗迹，它是由一颗巨星在剧烈爆炸中产生的气体云。这一过程会产生大量的碎片抛向太空，并且这些碎片会被超新星爆发产生的冲击波加热而发光。

暗星云

暗星云也被称为吸收星云，是由气体和尘埃组成的云团，它们吸收光线并且不辐射任何可见光——尽管它们可能辐射无线电波或红外线。如果一个暗星云中有足够多的物质，那么它可能会孕育恒星，暗星云由此变成一个发射星云。暗星云有时很难被发现，但是当有亮星云作为背景时，暗星云则可以被观测得很清楚。

在包含夜空中一百多个明亮天体的梅西叶星表中，并没有任何一个暗星云。这是因为暗星云肉眼不可见，一般的光学望远镜也很难观测到它们，因此暗星云通常被人们认为并不存在。不过近年来，最著名的暗星云——马头星云——几乎成了一幅标志性的图像，其体现了宇宙的美丽和神秘，呈现出夜空中一片真正未知的区域。

星座

星座是通过夜空中恒星之间的连线绘制的虚构图案。随着季节的变化，星座在天空中变得越来越高或越来越低，因此许多星座会在不同时间出现在不同半球上，而有些星座则会在大部分时间内在两个半球都能看到。下面这张表列出了全天 88 个星座以及它们在哪个半球主要可见（北半球 N 或南半球 S）。如果一个星座在一年中的大部分时间在两个半球都是可见的，它在这张表上被标记为 N/S。

	星座	可见半球		星座	可见半球
1	仙女座	N	21	鲸鱼座	N/S
2	唧筒座	S	22	蝘蜓座	S
3	天燕座	S	23	圆规座	S
4	宝瓶座	N/S	24	天鸽座	S
5	天鹰座	N/S	25	后发座	N
6	天坛座	S	26	南冕座	S
7	白羊座	N/S	27	北冕座	N
8	御夫座	N	28	乌鸦座	N/S
9	牧夫座	N	29	巨爵座	N/S
10	雕具座	S	30	南十字座	S
11	鹿豹座	N	31	天鹅座	N
12	巨蟹座	N/S	32	海豚座	N/S
13	猎犬座	N	33	剑鱼座	S
14	大犬座	N/S	34	天龙座	N
15	小犬座	N/S	35	小马座	N/S
16	摩羯座	N/S	36	波江座	N/S
17	船底座	S	37	天炉座	S
18	仙后座	N	38	双子座	N/S
19	半人马座	N/S	39	天鹤座	S
20	仙王座	N	40	武仙座	N

（续）

	星座	可见半球		星座	可见半球
41	时钟座	S	65	绘架座	S
42	长蛇座	N/S	66	双鱼座	N/S
43	水蛇座	S	67	南鱼座	S
44	印第安座	S	68	船尾座	S
45	蝎虎座	N	69	罗盘座	S
46	狮子座	N/S	70	网罟座	S
47	小狮座	N	71	天箭座	N
48	天兔座	S	72	人马座	N/S
49	天秤座	N/S	73	天蝎座	N/S
50	豺狼座	N/S	74	玉夫座	S
51	天猫座	N	75	盾牌座	N/S
52	天琴座	N	76	巨蛇座	N/S
53	山案座	S	77	六分仪座	N/S
54	显微镜座	S	78	金牛座	N/S
55	麒麟座	N/S	79	望远镜座	S
56	苍蝇座	S	80	三角座	N
57	矩尺座	S	81	南三角座	S
58	南极座	S	82	杜鹃座	S
59	蛇夫座	N/S	83	大熊座	N
60	猎户座	N/S	84	小熊座	N
61	孔雀座	S	85	船帆座	S
62	飞马座	N	86	室女座	N/S
63	英仙座	N	87	飞鱼座	S
64	凤凰座	S	88	狐狸座	N

星图

星座的位置会随着一年中时间的改变而改变，结果导致有些星座有时候下降到地平线以下，后来又重新出现。为了方便观测，我们把夜空分为南北天区，分别对应地球的南北半球。你能看到的星座将取决于你在地球上的位置。部分星座的名称和形状如下面的星图所示。

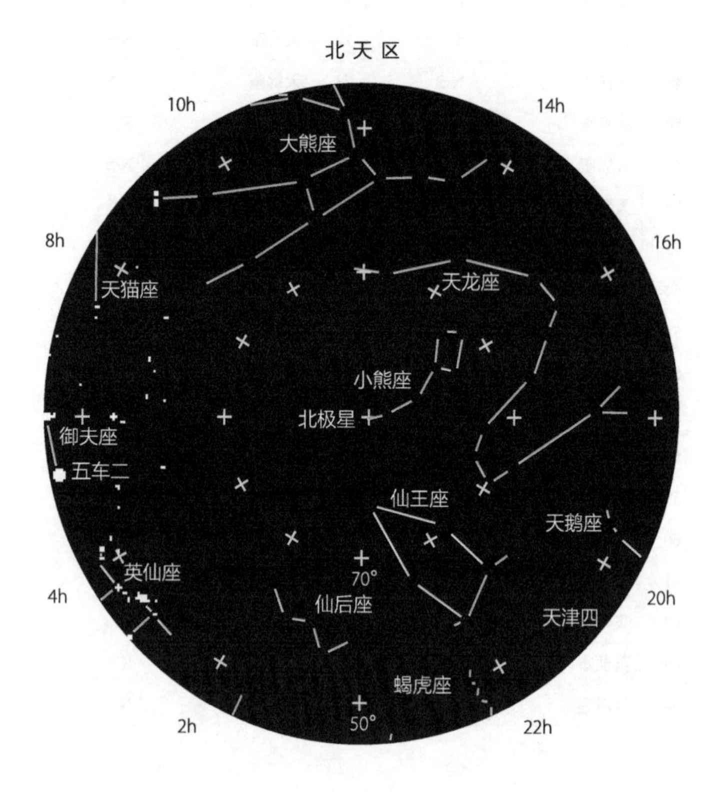

在夜空中寻找特定的星座可能是一件棘手的事情，因此最好使用熟悉的恒星或星座作为参考点，比如北斗七星。当你在北半球进行观测时，你可以根据像勺子一样的北斗七星来锁定处于正北的北极星的位置。

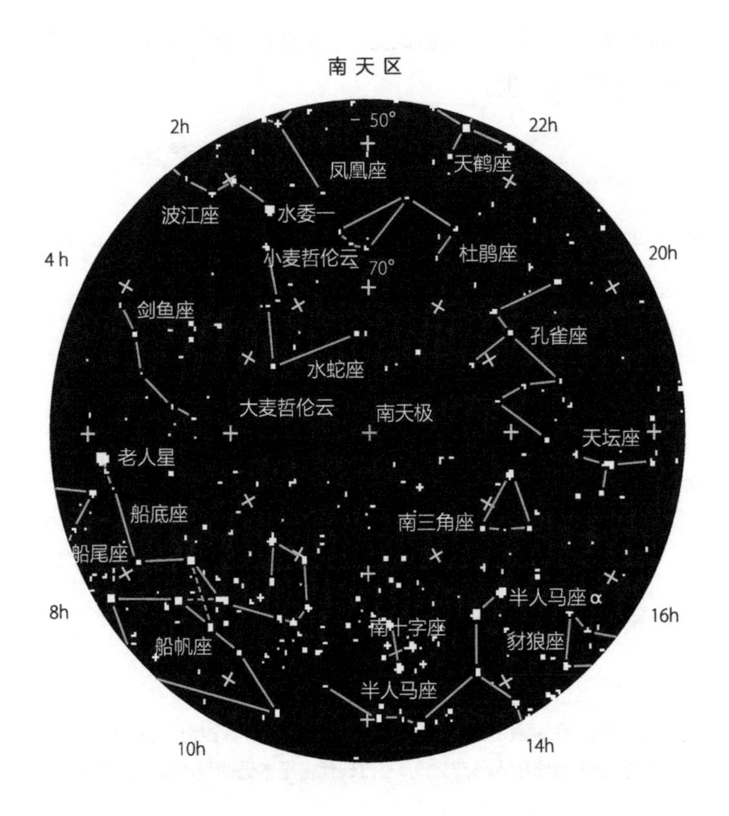

黄道十二星座

从我们在地球上的角度来看，太阳似乎是在以恒星为背景的天空中运动的。太阳运动的路径称为黄道，黄道南北两边各 9° 宽的环形区域称为黄道带。

黄道带被十二个星座均分，太阳在一年的时间里依次通过这些星座。最初这是作为测量时间流逝的一种方式而出现的，然而渐渐地，各种各样的迷信与这些星座联系在一起。随着占星术的发展，人们认为出生时恒星和行星所处的位置会影响他们的一生。

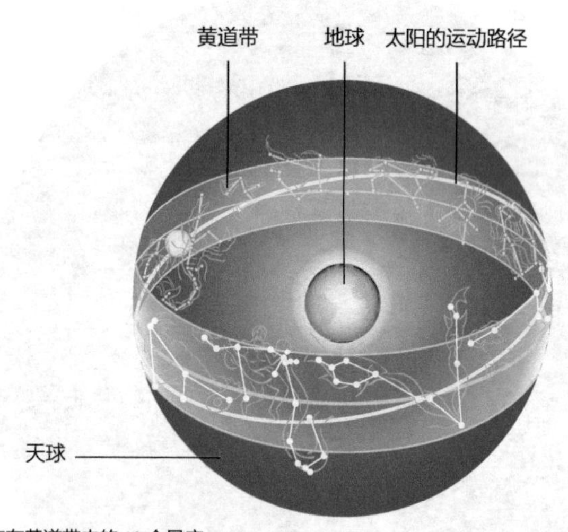

分布在黄道带内的 12 个星座。

小知识 在黄道带上实际有 13 个星座——第 13 个星座为蛇夫座，它位于天蝎座和人马座之间。不过现代占星术仍使用古典十二星座。

宇宙万物

宇宙是由什么构成的?

涵盖一切的宇宙，很大程度上是由物质所组成的，而分布在物质周围的是一些“看上去并不重要”的东西。然而这些被认为并不重要的东西却正是宇宙的重要组成部分，由于无法被直接观测到，它们被称为暗物质和暗能量。

我们所能看到的大部分物质存在于巨大的星系团之中。星系团中的每一个星系都是由数十亿颗恒星组成的，其中一些恒星的周围有行星绕转。在这些行星中就可能存在着生命。

位于银河系中心附近的五合星团。

天文学家认为，宇宙中所有的物质都是在宇宙大爆炸期间形成的。在这个目前公认的宇宙起源模型中，宇宙是从138亿年前的一次大爆炸中诞生的。

在大爆炸发生后的3分钟，宇宙中通过原初核合成生成物质。随着宇宙的膨胀，一些物质坍缩成恒星，这些恒星形成星系，星系又既而形成星系团。

宇宙中包含的所有物质都是由肉眼看不见的微小粒子组成的。例如质子、中子和电子，它们通常以原子的形式组合在一起——原子是元素保持其基本性质的最小组成单位。然而，即使是质子和中子，也是由被称为夸克的更基本的粒子组成的。夸克存在着六种类型，或者说是六“味”，分别为：上、下、奇、粲、底和顶。

反物质

顾名思义，反物质是表现为与正常物质相反状态的物质。大多数与基本粒子相关的属性，如电荷和自旋，在反物质粒子中都是相反的。

正电子就是一种反物质粒子。它们不能在物质粒子附近存在，否则物质粒子和反物质粒子将相互湮灭抵消。根据爱

小知识 宇宙中充斥着宇宙微波背景辐射，这是大爆炸的回声。当你在不同的电台之间调音时所听到的白噪声就是由它引起的。

因斯坦的狭义相对论，这一过程将释放出大量的能量。

一些天文学家认为，在宇宙的深处可能存在反物质星系。但是也有反对者认为，这样的猜测就像是在一张不完整的地图上标注“这里有龙存在”一样，是非常不可信的。1995 年，欧洲核子研究中心的科学家首次成功制造了九个反氢原子，提供了反物质粒子存在的铁证，尽管这些粒子只存在了短短 40 纳秒。

自然之力

宇宙中所有物质的行为都受四种基本力的支配。这些力，或称为相互作用力，分别是引力、电磁相互作用力、强相互作用力和弱相互作用力。

目前，这些基本相互作用力被认为是通过名为规范玻色子的微小粒子传递的。每种力都有自己的规范玻色子，分别是引力子（引力）、光子（电磁相互作用力）、胶子（强相互作用力）和 W 及 Z 玻色子（弱相互作用力）。

大统一理论

自 20 世纪初以来，科学家们一直在寻找一种统一的理论来解释所有相互作用，试图将这四种基本相互作用力联系起来，或证明它们是一种单一的相互作用力的不同表现形式。对这一“科学圣杯”的追求被称为对大统一理论的探索。尽管科学界一些最优秀的科学家——包括阿尔伯特 · 爱因斯坦

1935 年，爱因斯坦在美国科学促进会上讲授“宇宙可能是无限的”这一理论。

——尽了最大努力来探寻大统一理论，这一理论目前仍有待证明。

万有引力

在四种基本相互作用力中，引力，或称为万有引力，是大多数人最熟悉的。正是万有引力，把星系聚合在一起，使苹果同等地落在天才和无知者的头上。万有引力本质上是由质量引起的。任何具有质量的物体都可以对其他具有质量的物体施加引力。两个物体的质量越大，彼此之间的距离越近，它们之间的引力就越大。

引力子，被认为是传递引力作用的媒介，目前还未被发现，仍未知其是否真正存在。爱因斯坦的广义相对论则表达了一种不同的观点，即万有引力是具有质量的物体扭曲时空结构的结果。

小知识 引力是最弱的基本相互作用力。一些科学家认为，引力普遍存在于 11 维空间，空间维数越高则引力越强，因此在我们能感知的四维宇宙中引力显得有些弱。

电磁相互作用力

所有带电荷的粒子，例如电子，处于电场或磁场中都会受到电磁相互作用力的影响。这种力作用于固体的分子和分子之间，使它们具有刚性。它还将电子与原子核结合在一起，组成原子。磁铁所表现出的磁性也是由于电磁相互作用力的影响。电磁相互作用力的媒介是光子，也就是组成光的基本粒子。

小知识 爱尔兰作家詹姆斯 · 乔伊斯是第一个使用“夸克”这个词的人，在他的小说《芬尼根的守灵夜》中提出。

强相互作用力

强相互作用力在原子核中起作用，使得质子和中子结合在一起。质子带有正电荷，质子与质子之间相互排斥——如果没有这种力的存在，它们就会飞散。本质上，强相互作用力是把质子和中子结合在一起形成原子核的“胶水”。在强相互作用力的影响下，粒子的重新排列会释放出大量的能量，正是通过这种方式，太阳和所有其他恒星将氢原子重新排列成氦原子来获取能量，即所谓的核聚变。

弱相互作用力

弱相互作用力可能是所有基本力中最“无趣”的。它既不会把星系聚合在一起，也不会吸引带电粒子。不过它仍然是非常重要的基本力。

弱相互作用在粒子的 β 衰变中最为明显。在弱相互作用的影响下，中子会发生放射性 β 衰变，变成质子，同时释放出一个电子（在这里被称为 β 粒子）。放射性碳定年法背后的原理就是这样的衰变。当动植物死亡后，其含有的碳–14 通过弱相互作用衰变成氮–14，碳–14 的比例就会降低。通过测量样品的碳–14 含量就可以确定远古时代的动植物的年龄。

寻找暗物质

天文学家对宇宙中应该有多少物质有一套完美的计算方法。不过，宇宙似乎并不“认同”他们。事实上，根据天文学家的计算，超过 90% 的宇宙物质似乎消失了——天文学家确信物质就在那里，只是他们目前似乎还无从下手。

在 20 世纪 30 年代，天文学家们在测量星系的旋转速度时震惊地发现，大部分星系的旋转速度是他们预期的两倍多。在如此快的旋转速度下，星系应该已经将它们自身撕裂了，但它们都还好好地存在着。因此，天文学家们猜测，是不是存在某种无形的物质，即某种“暗物质”，把它们结合在一起？

这种暗物质被认为是由极小的粒子组成的，小到可以轻易地穿透人体而不被探测到，现在人们认为它们被束缚在深空星系团周围的巨大热气体云中。

虽然气体云可以被观测到，但它所束缚的暗物质却不能。这些气体云受到星系团引力的影响，表明其中一定存在着比表面看上去多得多的物质。因为如果没有，气体就会直接飘散在太空中。最新的计算表明，气体云中的不可见物质（或暗物质）质量至少是可见物质质量的 4 倍。

目前，天文学家正试图通过在远离宇宙射线干扰的深矿井底部安装极其灵敏的设备来探测暗物质粒子。如果暗物质被发现，它将为爱因斯坦的广义相对论提供确凿证据。

星系探索

什么是星系?

星系本质上是一个庞大的恒星集合，这些恒星由引力聚集在一起。除了恒星之外，星系中还含有大量翻腾着的尘埃和气体云，以及各种各样的行星、卫星、小行星、流星、彗星，甚至黑洞。星系的直径可以从数千光年到数十万光年不等，平均有数百亿颗恒星。科学家估计宇宙中大约有 1000 亿个星系。它们不是均匀分布的，而是倾向于组合成星系团。

我们对星系的认识仍远远不够深入。直到 20 世纪初，望远镜性能的提升才使得天文学家们开始意识到曾经被认为是相当近的星云实际上是遥远的星系。这就导致了一些以前被编目的深空天体被重新命名和分类，例如仙女座星云，现在被称为仙女星系。

追溯到 18 世纪，法国天文学家查尔斯 · 梅西叶将星云、星团和星系等天体按编号排列，制作了一份天体列表，这就是著名的《梅西叶星云星团表》，即梅西叶星表。梅西叶星表用“M+ 数字”的形式对天体编号。现在还有一个常用的天体列表是《星云星团新总表》，即 NGC 星表，这个星表中天体名称的前缀是 NGC。我们熟知的仙女星系，在梅西叶星表中编号为 M31，在 NGC 星表中编号为 NGC 224。

星系类型

1926 年，美国天文学家埃德温·哈勃发明了星系形态分类法。他根据观察到的星系外观，将星系分为 3 种基本类型：椭圆星系、旋涡星系和不规则星系。后来，在 20 世纪 50 年代，一种新的更遥远的星系类型被发现，即类星体。它们距离地球数十亿光年，对于我们而言仍然是个谜。

随着望远镜和照相机技术的进步，特别是电荷耦合器件（CCD）的使用——它以一种远比人眼更有效的方式收集光，我们现在有了一个无与伦比的机会去观察宇宙中宏伟的结构。

椭圆星系

顾名思义，椭圆星系的形状像是椭圆。事实上，其形状可以从几乎球形到接近橄榄球形状。椭圆星系看起来是黄色或红色的，这是因为在椭圆星系中，恒星形成过程一般都已经停止了，其中的恒星几乎都是年老的红巨星，大部分恒星的年龄都超过了 100 亿年。

旋涡星系

旋涡星系或许是外形最美丽的星系，它的中心在一个凸起的核球上，向外延伸出几条由恒星组成的旋臂，像一个旋涡一样，这也是旋涡星系的名称来源。在致密的核球中存在着较老的恒星，而较年轻的恒星分散在松散的旋臂中。旋臂

M100 是一个大型旋涡星系，包含超过 1000 亿颗恒星。它距离地球 0.5 亿光年。这张照片是 1993 年哈勃空间望远镜拍摄的。

中还有大量的气体和尘埃，在这里会诞生出新的恒星。最古老的恒星存在于包围着核球的星系晕之中。

有些旋涡星系的星系核在两个方向上横向延伸形成一个棒状，这类特殊的旋涡星系称为棒旋星系。这个棒的两端可以具有不同大小，但较大的一端往往产生更紧密的旋臂，而

棒旋星系 NGC1300。

较小的一端则有相对松散的旋臂，这些旋臂从棒的两端延伸而出。

不规则星系

不规则星系缺乏可识别的形状和结构，它们往往比其他类型星系的质量要小，但却是许多明亮的年轻恒星的家园。在全天数千个亮星系中，不规则星系只占不到 5%，但它们的数量占星系总数的 1/4。

小麦哲伦云就是一个不规则星系。

塞弗特星系

除了以上几种正常的星系，还有一些异常明亮的星系，它们被称为活动星系。塞弗特星系就是一类活动星系。

第一个塞弗特星系是在 1943 年由美国天文学家卡尔·塞弗特发现的。当塞弗特在观测一些看上去非常普通的旋涡星系的光谱发射线时，他注意到热气体——尤其是氢——集中在星系的核心。而这些气体正以 5000 千米 / 秒的惊人速度膨胀。

尽管塞弗特星系在照片中看起来很正常，但它们其实上是非常强的红外辐射源，有些还同时是无线电波和 X 射线的强辐射源。这表明在这些星系的核心存在着黑洞。自从塞弗特发现第一个塞弗特星系以来，天文学家们已经注意到，大约 1% 的旋涡星系实际上都是塞弗特星系。但也存在另一种说法，即所有的旋涡星系在 1% 的时间里都会表现出塞弗特星系的特性。

塞弗特星系 NGC 7742。

小知识 并非所有的恒星都是存在于星系之中的，有些恒星漫游在星系之外。利用哈勃空间望远镜，天文学家发现了 600 多颗漂浮在星系之间的“流浪恒星”。

类星体

还有一类活动星系——类星体，是宇宙中最稀有且最明亮的天体之一。类星体是“类恒星射电源”的缩写，这些微小星系的直径不超过 2 光年，但却比直径超过 100000 光年的星系还要亮 1000 倍以上。

类星体的高光度意味着即使其距离地球有 100 亿光年远，我们仍可以从地球上观测到。类星体所释放的巨大能量来自于其中心的一个小区域。许多天文学家认为，这些能量是物质被吸进一个超大质量黑洞时被加速至接近光速所释放出来的。

第一个被确认的类星体是 3C 273，它也是最明亮且离我们最近的类星体之一，距离地球 24 光年。它的核心喷射出运动速度接近光速的物质，这一事实表明了在这个类星体的核心存在一个黑洞。

小知识 尽管这些致密的小星系释放出大量的能量，但肉眼是无法观测到任何类星体的——因为它们与距离地球太远了。除了无线电波和可见光之外，类星体也是 X 射线、伽马射线、紫外线和红外线的强辐射源。

银河系

我们的太阳系位于一个被称为银河系的棒旋星系的

一条旋臂中。银河系的外观呈现为盘状结构，直径为100000~180000光年，盘面厚约1000光年。

银河系中包括太阳在内共有1000亿~4000亿颗恒星，其中许多恒星集中在星系中心附近的一个致密核球内。科学家认为，银河系中心的无线电波源人马座A*存在一个可怕的巨大黑洞。银河系中的其他恒星主要分散在数条旋臂上，太阳（当然还有地球）位于猎户臂，距离银河系中心约2.6万光年。

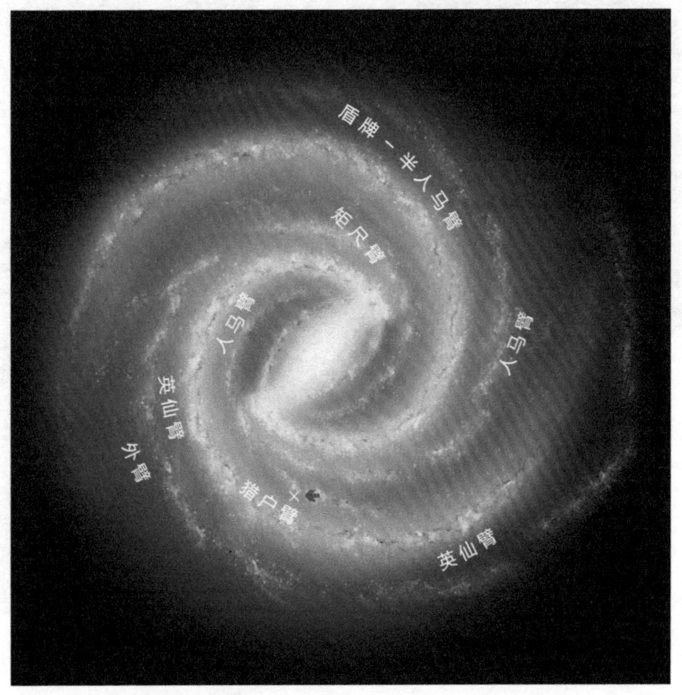

银河系，“X”表示太阳的位置。

银河系全景图。

太阳以大约 220 千米 / 秒的速度围绕银河系中心运行，但即使以这个速度，太阳绕行一周也需要大约 2.5 亿年的时间。以太阳的年龄估算，迄今为止，太阳绕银河系中心运行了大约 20 周。

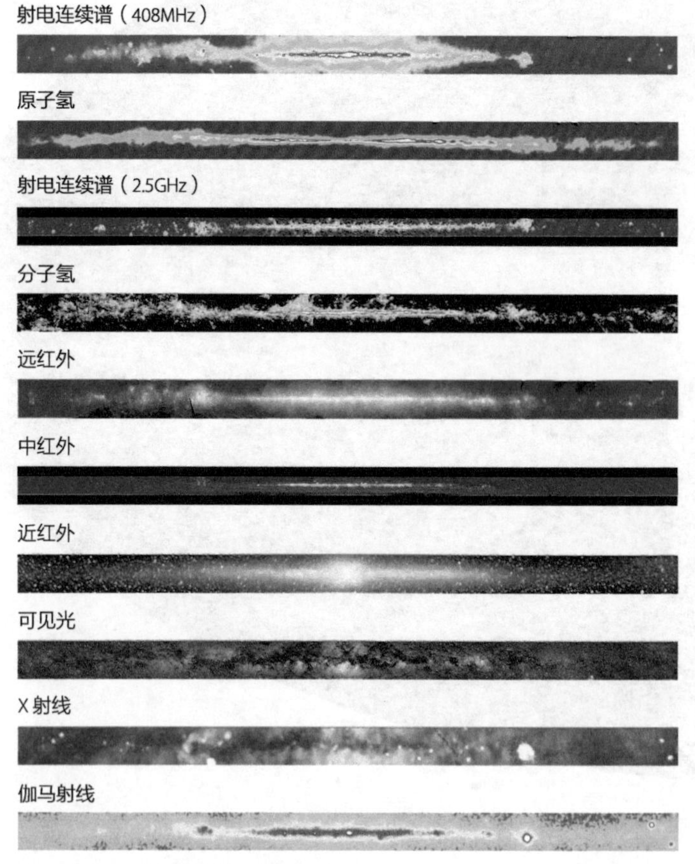

在不同波段下观测得到的银河系图像。

银河系之外

银河系虽然巨大，但它只是组成本星系群的 50 多个星系中的一员。这个星系群覆盖了一片直径大约 1000 万光年的空间区域，其中心位于最大的两个星系——银河系和仙女星系之间。

大小麦哲伦云是离我们较近的星系。大麦哲伦云距离银河系约 17 万光年，而小麦哲伦云则位于 20 万光年之外。在它们的名字中使用“云”这个词是因为在过去这些星系被认为只是太空中的气体和尘埃云，直到望远镜的性能得到优化和提升后才揭示了它们的真面目。

排在仙女星系和银河系之后，三角星系和大麦哲伦云分别是本星系群中第三大和第四大星系。其余星系相对较小，主要为椭圆星系和不规则星系。

本星系群是更大的组织——本超星系团（室女座超星系团）的一部分。本超星系团包含几百个星系团或星系群，排列得像是松散的弦。众星系构成了令人费解的宇宙空洞的边界，而这些空洞使得超星系团之间彼此分离。

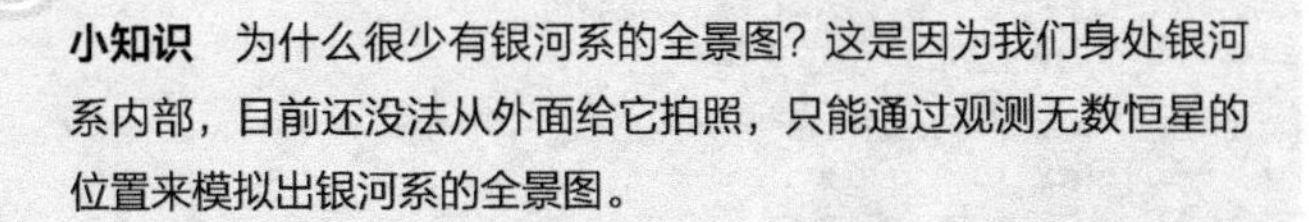

小知识 为什么很少有银河系的全景图？这是因为我们身处银河系内部，目前还没法从外面给它拍照，只能通过观测无数恒星的位置来模拟出银河系的全景图。

大麦哲伦云，我们的近邻星系。

仙女星系

仙女星系也被称为NGC 224或M31，它是一个旋涡星系，与我们的银河系有着许多相同的特征。仙女星系最初被认为是银河系的一部分，早在公元964年，波斯天文学家阿尔苏飞就在他所写的《恒星之书》一书中首次提到仙女星系。1612年，德国天文学家马里乌斯用最新发明的望远镜发现了它。仙女星系最初被认为是由气体和尘埃组成的星云，直到20世纪20年代，美国天文学家埃德温·哈勃才证明它是一个独立的星系，位于银河系边界之外。

麦哲伦云

麦哲伦云以葡萄牙探险家斐迪南·麦哲伦的名字命名，是银河系的两个伴星系。它们含有丰富的气体和星际物质，包含了许多相对年轻的恒星。这为天文学家研究恒星的形成和演化提供了极好的机会。

1987年，发生在17万年前的一次超新星爆发所发出的光最终从大麦哲伦云到达地球，为我们提供了一个前所未有的机会来研究超新星。这是自1604年开普勒超新星以来观测到的最明亮的超新星。

长城结构

天文学家发现了宇宙的长城结构，它是一个比超星系团还要大的结构，由超星系团和一些分散的星系团组成。1989年发现的CfA2长城约有5亿光年长，3亿光年宽，厚度约

1500 万光年。它与下一个长城之间被一个跨度约 4 亿光年的怪异的空洞隔开。

星系碰撞

我们可以把星系想象成是太空中的岛屿，这些“岛屿”都在以巨大的速度在宇宙中穿梭，离我们越远的星系运动速度越快。尽管星系之间的距离遥远——离我们最近的星系邻居至少有 25000 光年远，但星系之间偶尔还是会发生碰撞，碰撞所产生的后果远远超出了“灾难”所能形容的范围。

当两个星系相互靠近时，它们就陷入了彼此的引力场中。不久，我们就能看见物质流从一个星系涌向另一个星系，从星云状的气体和尘埃开始。随着这个过程的持续，星系的外形会发生巨大的影响，这两个星系最终可能合并成一个更大的星系。

离我们 250 万光年的仙女星系，目前正以 300 千米 / 秒的速度朝向银河系运动，在大约 40 亿年后可能会撞上银河系，然后这两个星系会花上数十亿年的时间合并成一个更大的椭圆星系。

空间探索

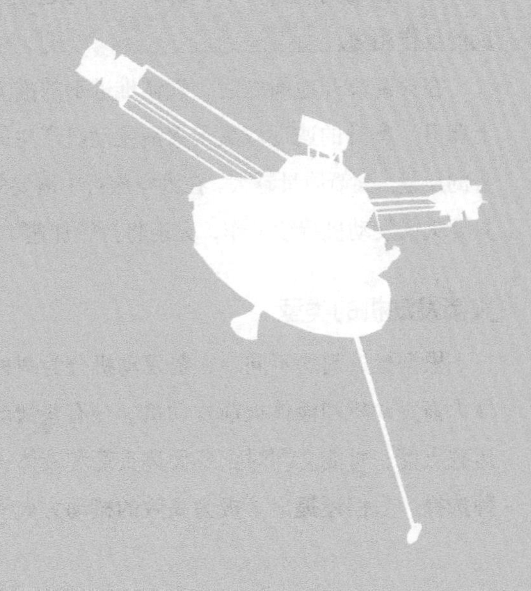

火箭是如何工作的？

火箭其实就是一个大规格的烟花。它需要燃料（如液态氢）和氧化剂（燃烧所需的气体）。燃料和氧化剂的混合物被称为推进剂，它在燃烧后产生快速膨胀的热气体。这种热气体通过火箭底部的一个喷嘴喷出，以推动火箭向上运动。

早在明代，中国人就开始制造用于军事和娱乐的火箭。17 世纪，英国科学家艾萨克·牛顿解释了火箭升空并继续向天空飞行的原理。牛顿第三运动定律指出，对于每一个作用力（如气体的向下推力），都有一个与之大小相等、方向相反的反作用力。

在火箭离开地面之后，气体推进剂的推力会使它继续向上爬升。爬升的速度取决于火箭发动机产生的推力和火箭本身的质量。火箭质量越大，在太空旅行中需要的推力就越大。只要火箭发动机持续工作，火箭将持续加速。

火箭发动机的类型

根据推进剂的不同，火箭发动机分为两种主要类型：固体火箭发动机和液体火箭发动机。在有些情况下，如现在的运载火箭，可能会同时配备固体火箭和液体火箭。作为另一种选择，人们还提出了极为高效的核动力火箭。但到目前为

2002 年 10 月 7 日，执行 STS-112 任务的亚特兰蒂斯号航天飞机在肯尼迪航天中心从蒸汽和滚滚浓烟中升空。

止，由于对核发动机发生事故后所产生后果的担忧，这一计划一直处于研发阶段，并未实施。

现代火箭试验

早在 1903 年，苏联科学家康斯坦丁 · 齐奥尔科夫斯基就提出，使用液体推进剂可以将火箭送入太空。这是近 900 年来人们首次对火箭理论进行的深入研究。

戈达德和他设计的液体火箭。

经过大量的实践和失败，美国科学家罗伯特·戈达德于1926年成功发射了世界上第一枚液体火箭。在后来的战争年代，人们有了足够的动力和资金以建造能进入外层空间的火箭。

冯·布劳恩和V-2火箭

1944年，德国军方在巴黎、安特卫普和伦敦等城市发射了一种可怕的新型武器——V-2火箭，它的速度超过了声速，因此在人们收到警报之前它就已经到达了。V-2火箭能够携带重1000千克、射程为320千米的弹头，它的飞行高度最高可达100千米左右。领导V-2火箭研发团队的人是出生于德国的沃纳·冯·布劳恩。战争结束后，他向美国投降，V-2火箭开始被用于太空研究，并成为研发土星五号等其他火箭的基础。土星五号是阿波罗计划的主要运载火箭，并最终在1969年将阿波罗11号成功送往月球。

科罗廖夫与苏联

在太空时代早期，最重要的人物之一是出生于乌克兰的火箭工程师谢尔盖·科罗廖夫。他负责开发了包括联盟号系列在内的众多苏联火箭，包括第一颗人造地球卫星——斯普特尼克1号的运载火箭。他还指导了第一次载人航天飞行（1961年尤里·加加林）和第一次太空行走（1965年阿列克谢·列昂诺夫）。

下图为苏联火箭的发展史。

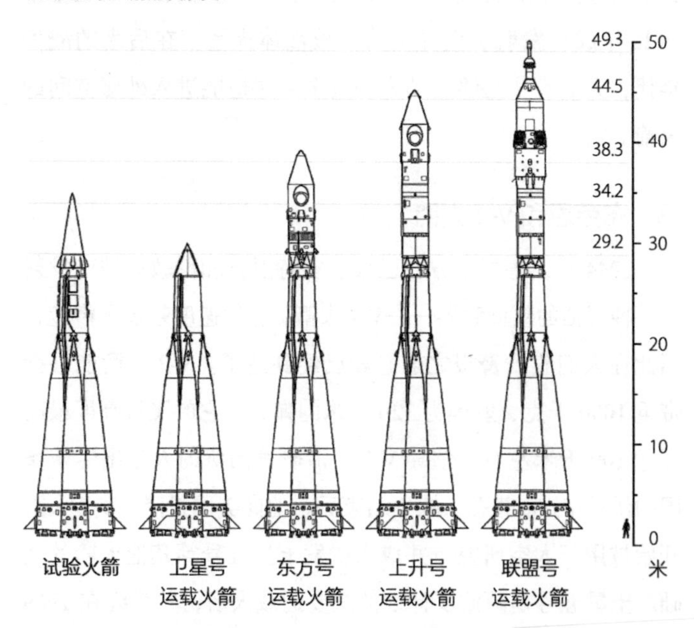

小知识 太空中的第一颗人造卫星是人造卫星 1 号，或称斯普特尼克 1 号，斯普特尼克这个词在俄语中的意思是“同行者”或“伴侣”。

航天器

除了火箭之外，空间探索还需要各种航天器，包括空间站、航天飞机、人造卫星和空间探测器等。

空间站

空间站位于环绕地球的高空轨道上，本质上是拥有壮观景色的科学实验室。这些航天器为宇航员们提供了一个无与伦比的机会，使得他们可以在失重的环境中进行科学实验，同时不受地球大气层的影响。

太阳能电池板是所有空间站的一个鲜明特点，它可以为基础系统提供电力，同时减少对重型电池组的需求。防护罩可以保护航天员免受太阳辐射的影响，对接口可以接收运输飞船的物资补给。这也意味着无须空间站返回地球，航天员就可以进行交班工作。

礼炮 2 号空间站。

科学家们提出，未来可以在地球轨道外建立空间站，这样它们就可以作为前往火星或更远星球的旅途中的休息站和补给站。

航天飞机

作为一种革命性的飞行器，航天飞机于 1981 年首次成功发射升空，它是有史以来第一种可重复使用的航天器。航天飞机的设计分为三个主要部分：轨道飞行器（人们想象航天飞机时想到的部分）、巨大的固体火箭助推器和外挂燃料箱。在这三个部件中，只有外挂燃料箱在飞行后不能再使用。

一旦进入太空，航天飞机就可以使用尾部的轨道操纵系统实现在轨道之间的转移，其飞行高度最高可达500多千米。较小的运动是用微小的喷流来实现的。

一种称为遥控机械臂的大型机械装置被用来将航天飞机的有效载荷（可以是卫星）送入太空或收集起来进行修理或

飞行中的航天飞机有效载荷的俯视图。

小知识 第一架航天飞机“企业号”以电视剧《星际迷航》中的飞船命名。它只是一个航天测试平台，并没有执行太空任务的功能。

回收。另外，有效载荷舱还可以安装太空实验室，用于科学研究与实验。

人造卫星

人造卫星是环绕地球轨道运行的航天器。第一颗人造卫星——人造卫星 1 号的发射，拉开了太空竞赛的帷幕。在 1955 年 7 月，美国宣布计划在 1958 年春天之前将一颗卫星送入地球轨道，结果苏联于 1957 年 10 月 4 日发射了人造卫星 1 号，美国惨遭苏联的打击。在接下来的十多年时间里，美国为了重新夺回太空霸主地位，投入了数万亿美元的资金在太空项目上，虽然其中大部分资金花费在了引人注目的载人登月任务上，但还有一小部分投资在了远没有那么光鲜但更贴合实际的卫星项目上。

军事卫星是以各种军事监测和通信为目的而设计的，比如军用侦察、导弹预警等。第一批商业卫星的开发则主要是为了帮助通信，通过将信号从固定在地球轨道上的卫星上反射回来，提高了信号的传输效率和覆盖面积。大多数通信卫星被放置在地球静止轨道上，用于传输电视、电话、电报和互联网等信息。

人造卫星的轨道类型	离地球表面的距离 / 千米
低轨道（LEO）	500~2000
中轨道（MEO）	2000~35786
地球静止轨道（GEO）	35786
高轨道（HEO）	>35786

美国的第一颗人造卫星——探险者 1 号，于 1958 年 1 月 31 日成功发射。

小知识 地球静止轨道也称克拉克轨道，指地球赤道上方 35786 千米的圆形轨道，该轨道上航天器的运行方向和地球自转方向一致，且运行速度与地球自转速度相同，因此，在地面观测者看来，这样的航天器在天空中是固定不动的。1945 年，英国著名科幻作家亚瑟 · 克拉克对地球静止轨道的原理进行了详细解释，使得这一概念得以广泛传播。

空间探测器

空间探测器在尺寸上通常与人造卫星相近，它是一种无人航天器，其设计目的是将相机和监测设备等科学仪器带到地球轨道以外的遥远行星和卫星之上。一旦到达那里，探测器就可以被远程控制，或者按照预先编程好的指令进行探测，再以无线电波的形式将信息传输回地球上的接收站。

第一个成功到达地球以外天体的探测器是苏联的月球 2 号，它于 1959 年到达月球表面，这比美国把人类送上月球整整早了 10 年。

迄今为止最成功的探测器之一是美国航天局于 1972 年 3 月 2 日发射的先驱者 10 号。它最初设计用来探测木星，但是在 1983 年，它飞越海王星轨道，进入一个至今仍是谜的空间区域，成为第一个离开八大行星范围的人造物体。

科学家们在 2003 年 1 月 23 日收到先驱者 10 号发送的最后一个信号，当时它距离我们大约为 120 亿千米，它的信号以光速行进，花了约 11 个小时才到达地球。之后这个探测器就与地球失去了联系。

为探索太阳系内部而设计的探测器可以使用太阳能电池板供电。然而，那些探索太阳系边缘甚至太阳系以外区域的探测器则需要利用放射性物质衰变产生的热量来发电。

现代的月球探测器

月球探测器	功能
月球号	苏联月球计划（1958—1976）
徘徊者号	美国月球硬着陆探测器（1961—1965）
探测器号	苏联探测器计划（1964—1970）
勘测者号	美国月球软着陆探测器（1966—1968）
月球轨道器号	美国绕月轨道探测器（1966—1967）
月球车号	苏联月球漫游车（1970—1973）
飞天 - 羽衣号	日本月球轨道和硬着陆探测器（1990—1993）
克莱门汀号	美国绕月轨道探测器（1994）
月球勘探者号	美国绕月轨道探测器（1998—1999）
智能 1 号	欧洲绕月轨道探测器（2003—2006）
辉夜号	日本绕月轨道探测器（2007—2009）
嫦娥号	中国绕月轨道探测器、着陆器和漫游车（2007—）

太空竞赛

二战期间，苏联和美国这两个超级大国崛起。战后，双方相互竞争，目的是制造出能够将核武器发射到敌方领土的先进火箭。最初，苏联凭借其卓越的设计优先于美国。1957

年，他们成功地将第一颗人造卫星送入太空，并在1961年完成了将航天员加加林送入太空这一非凡的壮举。

苏联的成功使美国感受到巨大压力。由于担心无法阻挡未来可能的太空武器系统，美国开始投入大量资金进行研发。1961 年 5 月 5 日，艾伦 · 谢泼德成为首个进入太空的美国人。

艾伦 · 谢泼德在水星－红石 3 号任务的自由 7 号舱内等待发射。

小知识 由于月球上几乎没有大气层，尼尔 · 阿姆斯特朗的足迹不会被风吹散。它们被保存在月球表面的尘埃中，并将一直留在那里，直到将来被人为地抹去。

1961 年 4 月 12 日，尤里 · 加加林乘坐东方 1 号宇宙飞船完成了世界上首次载人宇宙飞行，实现了人类进入太空的梦想。

1969 年 7 月 20 日，尼尔 · 阿姆斯特朗在月球上留下了人类的第一个脚印，并说出了不朽的名言："这是我个人的一小步，却是人类的一大步。"在最后关头，苏联在太空竞赛中失利。

东方计划

1961 年至 1963 年期间，苏联实施了东方计划，共在地球轨道进行了六次载人飞行任务。第一次任务东方 1 号使得尤里 · 加加林成为第一个进入太空的人。东方 2 号绕地球运行了 17.5 圈，是首次历时超过一天的艘天飞行。东方 3 号和东方 4 号只相隔了一天发射，它们在彼此视线范围内绕轨道飞行，首次实现了两艘载人飞船同时飞行的场景。东方 5 号于 1963 年 6 月 14 日发射升空，两天后，东方 6 号将人类历史上第一位女航天员瓦莲京娜 · 捷列什科娃送入太空。

水星计划

美国对苏联东方计划的回应是水星计划。1961 年 5 月 5 日水星-红石 3 号成功发射，搭载艾伦 · 谢泼德进行了 15 分 22 秒的亚轨道飞行[㊀]。水星-红石 4 号搭载维吉尔 · 格里森，于同年发射升空，飞行时间多了 15 秒。水星-宇宙神 5 号于 1961 年 11 月发射升空，载有一只黑猩猩进行轨道飞行。水星-宇宙神 6 号于 1962 年 2 月搭载约翰 · 格伦进行了地球轨道飞行。水星-宇宙神 7 号和水星-宇宙神 8 号随后在同年 5 月和 10 月各进行了一次飞行。1963 年 5 月，最后一次水星计划载人发射任务——水星-宇宙神 9 号发射成功，该任务的航天员戈尔登 · 库勃成为首位在轨超过一天的美国航天员。

㊀ 亚轨道飞行是在距地表 20~100 千米的高空进行的飞行，它与轨道飞行的区别在于亚轨道不能环绕地球一周。 ——编者注

水星计划的航天员们，拍摄于 1968 年 9 月 13 日。

双子座 4 号搭乘大力神 2 号火箭发射升空。这次飞行任务实现了美国航天史上的首次太空行走。

双子座计划

1963 年至 1966 年间，美国实施了双子座计划，共计完成了 12 次发射，其中 10 次为环绕地球轨道载人飞行，每次搭载两名航天员。该项目旨在训练航天员在太空失重环境中控制自我和操纵设备的能力。它还帮助美国航天局提升了轨道交会对接所需的技术，这些技术在随后的阿波罗登月计划中发挥着至关重要的作用。

双子座 1 号和双子座 2 号：发射于 1964 年和 1965 年，这两次无人发射都获得了成功，它们的目的是测试飞船的性能。

双子座 3 号：1965 年 3 月 23 日发射升空，这是美国第一艘搭载两名航天员进入太空的飞船。

双子座 4 号：1965 年 6 月 3 日发射升空，飞行 4 天。正是在这次飞行任务中，航天员爱德华 · 怀特成为第一个在太空行走的美国人，他在舱外行走了 21 分钟。

双子座 5 号：1965 年 8 月 21 日发射升空，它绕地球运行了近 8 天，创造了新纪录。

双子座 6A 号：运载火箭在起飞时爆炸，但最终于 1965 年 12 月 15 日进入轨道。

双子座 7 号：于 1965 年 12 月 4 日到达太空。

双子座 8 号：发射于 1966 年 3 月 16 日，在尼尔 · 阿姆斯特朗的指挥下，双子座 8 号完成了第一次空间对接。

双子座9A号：1966年6月3日，双子座9A号到达太空。航天员尤金·塞尔南——迄今为止最后一个在月球上行走的人，完成了他的第一次太空行走。

双子座10号：于1966年7月18日成功发射。

双子座11号：于1966年9月12日成功发射。

双子座12号：双子座计划的最后一个任务，发射于1966年11月11日。至此，通往月球的道路已经畅通，人类的登月梦想将通过一系列新的任务——阿波罗计划——来实现。

阿波罗计划

1967年1月27日，阿波罗1号进行了发射前的例行测试。当阿波罗1号坐落在发射台上时，航天员维吉尔·格里森、爱德华·怀特和罗杰·查菲对飞船的控制系统进行了最后一次检查。这三个人已经被密封在狭窄的太空舱里，祈祷着一切顺利。

然而一个小小的火花引发了一场电气火灾。太空舱的加压纯氧环境使得火势加剧。在短短几秒钟之内，三个人都被喷发的火焰吞没了，没有逃跑和被营救的希望。当他们从座位上被抬下来时，已经被烧得面目全非，成了糟糕设计和更为糟糕的运气的牺牲品。这一事故使得之后的阿波罗太空舱都配备了一个逃生舱。

阿波罗计划的目标是在20世纪60年代末之前把人类送上月球。当时只有两个人进入过太空，但那也只是短短几分钟。

在阿波罗计划之前，美国航天局已经进行了大量的基础工作，从开始搭载一个人的水星计划到后来搭载两个人的双子座计划，这些都是为登月之行所准备的预备飞行。

阿波罗 1 号的灾难发生后，接下来的两次飞行被取消。最后，随着阿波罗 4 号的发射，阿波罗计划于 1967 年 11 月 9 日再次开启。

阿波罗 1 号

计划发射日期：1967 年 2 月 21 日

航天员维吉尔・格里森、爱德华・怀特和罗杰・查菲在测试任务的起飞前悲剧性地丧生于由电火花引起的火灾中。

阿波罗 4 号

发射日期：1967 年 11 月 9 日

阿波罗计划重启，阿波罗 4 号是首次使用土星 5 号运载火箭发射的无人任务。

阿波罗 5 号

发射日期：1968 年 1 月 22 日

这次无人任务见证了登月舱（登月舱最终将登陆月球）在地球轨道上的首次试飞。

阿波罗 6 号

发射日期：1968 年 4 月 4 日

最后一次无人任务，对最终将阿波罗飞船送上月球的土星 5 号运载火箭进行了进一步测试。

阿波罗 7 号

发射日期：1968 年 10 月 11 日

航天员瓦尔特·施艾拉、唐·埃斯利和瓦尔特·康尼翰在地球轨道上对阿波罗飞船的导航和控制系统进行了为期 11 天的测试和评估。

阿波罗 8 号

发射日期：1968 年 12 月 21 日

阿波罗 8 号的航天员弗兰克·博尔曼、詹姆斯·洛弗尔和威廉·安德斯成为历史上第一批离开近地轨道、绕月球飞行的人。他们在 1968 年圣诞夜绕月飞行了 10 圈，并为后来的阿波罗任务勘查可能的登月点。

阿波罗 9 号

发射日期：1969 年 3 月 3 日

航天员詹姆斯·麦克迪维特、大卫·斯科特和拉塞尔·施威卡特围绕地球转了 152 圈，同时测试了对接程序和便携式生命保障系统。

阿波罗 10 号

发射日期：1969 年 5 月 18 日

本质上是登月前最后的“彩排”，航天员约翰·杨留在指令舱中环绕月球，托马斯·斯塔福德和尤金·塞尔南驾驶登月舱飞到距月球表面 15.6 千米的范围内。除了最后的降落过程，阿波罗 10 号执行了真正的登月需要完成的一切步骤，为阿波罗 11 号的成功登月铺平了道路。

阿波罗 11 号

发射日期：1969 年 7 月 16 日

大事件！1969 年 7 月 20 日，无数人紧盯着电视机，见证了航天员尼尔 · 阿姆斯特朗在月球上迈出的第一步，他说出了可能是人类历史上最著名的一句话：“这是我个人的一小步，却是人类的一大步。”大约 20 分钟后，巴兹 · 奥尔德林也登上了月球表面。指令舱驾驶员迈克尔 · 柯林斯则留在绕月轨道上。

1969 年 7 月 20 日，阿波罗 11 号航天员巴兹 · 奥尔德林在月球上留下的鞋印。

阿波罗 12 号

发射日期：1969 年 11 月 14 日

航天员皮特 · 康拉德和艾伦 · 宾在月球表面待了近 32 个小时，他们在那里收集月球岩石样品并进行实验，然后返回指令舱与理查德·戈登一起绕月飞行，最后于 11 月 24 日返回地球。

阿波罗 13 号

发射日期：1970 年 4 月 11 日

4 月 13 日下午 1 点左右，阿波罗 13 号遭遇了灾难，服务舱里的氧气罐爆炸了。在距离地球约 32 万千米的地方，航天员詹姆斯·洛弗尔、杰克·斯威格特和弗莱德·海斯发现他们被困在冰冷的太空深处，在一艘无法再为他们提供电力、氧气和水的飞船上。他们依靠登月舱有限的氧气存活了下来。尽管条件恶劣，他们还是安全返回了地球，于 1970 年 4 月 17 日降落在太平洋上。

阿波罗 13 号受损的服务舱。

阿波罗 14 号

发射日期：1971 年 1 月 31 日

航天员艾伦·谢泼德和埃德加·米切尔在月球上安全着

陆，并进行了许多原本属于阿波罗13号任务的实验。斯图尔特·罗萨则留在绕月轨道上。

阿波罗 15 号

发射日期：1971 年 7 月 26 日

航天员大卫·斯科特和詹姆斯·艾尔文在对月球表面进行详细研究的同时，还驾驶美国第一辆月球漫游车穿越了月球表面近 28 千米的距离。指令舱驾驶员阿尔弗雷德·沃登则留在绕月轨道上。

阿波罗 16 号

发射日期：1972 年 4 月 16 日

航天员约翰·杨和查尔斯·杜克在月球表面的 3 天内采集了约 95 千克的岩石样品。与此同时，托马斯·马丁利在绕月轨道上使用指令舱搭载的仪器对月球表面赤道附近环带进行了影像学和几何学测绘。

阿波罗 17 号

发射日期：1972 年 12 月 7 日

航天员哈里森·施密特和尤金·塞尔南是最后一批在月球上行走的人，他们乘坐月球车在月球表面行驶了 30 多千米，收集了约 110 千克的月球岩石样品。指令舱驾驶员罗纳德·埃文斯则留在绕月轨道上。

现代主要太空任务

日期	任务名称（国家或地区）	任务使命	任务结局
1957.10.4	人造卫星 1 号（苏联）	第一颗人造地球卫星	圆满成功
1957.11.3	人造卫星 2 号（苏联）	第一个送上太空的动物：一只叫莱卡的狗	进入太空数小时后，因太空舱过热而中暑死亡
1961.4.12	东方 1 号（苏联）	第一个送上太空的人类：尤里·加加林	圆满成功
1963.6.16	东方 6 号（苏联）	第一个送上太空的女宇航员：瓦莲京娜·捷列什科娃	圆满成功
1965.3.18	上升 2 号（苏联）	第一次太空行走：阿列克谢·列昂诺夫	圆满成功
1969.7.16	阿波罗 11 号（美国）	第一次登陆月球：尼尔·阿姆斯特朗和巴兹·奥尔德林（他们也成为进行最远太空旅行的人）	圆满成功
1969.11.14	阿波罗 12 号（美国）	载人登月	圆满成功
1970.4.11	阿波罗 13 号（美国）	载人登月	机械故障致使任务终止，宇航员安全返回地球
1970.8.17	金星 7 号（苏联）	第一个金星着陆器	圆满成功
1971.1.31	阿波罗 14 号（美国）	载人登月	圆满成功
1971.7.26	阿波罗 15 号（美国）	载人登月	圆满成功
1972.4.16	阿波罗 16 号（美国）	载人登月	圆满成功
1972.12.7	阿波罗 17 号（美国）	登月计划	圆满成功

（续）

日期	任务名称（国家或地区）	任务使命	任务结局
1973.5.14	天空实验室 1 号（美国）	空间站（进行第一次太空如厕和淋浴）	任务完成后，空间站进入大气层烧毁
1975.8.20	海盗 1 号（美国）	火星着陆器	圆满成功
1977.8	旅行者 1 号（美国）	飞越木星和土星	圆满成功，探测器仍在工作，已成功飞出太阳系
1977.12	旅行者 2 号（美国）	飞越木星、土星、天王星和海王星	圆满成功，探测器仍在工作，已成功飞出太阳系
1981.4.12	STS-1 哥伦比亚号航天飞机（美国）	第一次航天飞机任务：系统检测	圆满成功
1985.7.2	乔托号（欧洲）	造访哈雷彗星	圆满成功
1986.1.28	STS-51-L 挑战者号航天飞机（美国）	部署跟踪卫星和哈雷彗星观测器	发射后爆炸，所有宇航员罹难
1990.4.25	哈勃空间望远镜（美国）	NASA 大型轨道天文台计划的第一个和最重要的望远镜	镜面缺陷在后续的航天飞机任务中得到修复，目前仍在轨运行
1992.9.25	火星观察者号（美国）	火星轨道器	失联
1996.11.7	火星全球探勘者号（美国）	火星轨道器	2006.11 由于电能不足失去控制
1996.12.4	火星探路者号（美国）	火星着陆器和火星漫游车	圆满成功
1997.10.15	卡西尼号（美国）	土星轨道器	2017.9.15 任务结束
1997.10.15	惠更斯号（欧洲，搭载在卡西尼号上）	泰坦着陆器	2005.1 在泰坦登陆

（续）

日期	任务名称（国家或地区）	任务使命	任务结局
1998.7.3	希望号（日本）	火星轨道器	任务失败
1999.1.3	火星极地着陆者号（美国）	火星着陆器	任务失败
2001.4.7	2001 火星奥德赛号（美国）	火星轨道器	仍在轨运行
2003.1.16	STS-107 哥伦比亚号航天飞机（美国）	16 天的太空任务旨在研究人体、生命和太空科学	返回大气层时爆炸，全部宇航员罹难
2003.6.4	火星快车（欧洲）	火星轨道器和着陆器（小猎犬 2 号）	任务失败
2003.6.10	勇气号（美国）	火星漫游车	2011.5 任务结束
2003.7.7	机遇号（美国）	火星漫游车	2019.2 任务结束
2003.9.28	智能 1 号（欧洲）	月球探测器	圆满成功
2004.3.2	罗塞塔号（欧洲）	彗星探测器	圆满成功
2005.8.12	火星勘测轨道飞行器（美国）	火星轨道器	仍在轨运行
2005.11.9	金星快车（欧洲）	金星轨道器	圆满成功
2007.8.4	凤凰号（美国）	火星着陆器，寻找水的踪迹	圆满成功
2009.3	开普勒空间望远镜（美国）	系外行星搜寻	2018.10 因燃料耗尽而终止通信
2011.11.26	好奇号（美国）	火星漫游车	仍在运行
2018.10.20	贝比科隆博（欧洲 / 日本）	水星轨道器	预计 2025 年抵达水星

参考书目

Astronomy: A Beginner’s Guide to the Universe. *Prentice Hall*, 2003

Astronomy for Dummies. *Hungry Minds Inc.*, 2005

National Geographic Encyclopedia of Space. *National Geographic Books*, 2005

The Right Stuff. *Vintage*, 2005

The Physics of Star Trek. *Basic Books*, 1995

A Man on the Moon: the Voyages of the Apollo Astronauts. *Time Life*, 1999

参考网站

www.nasa.gov

www.hubblesite.org

www.space.com

www.pparc.ac.uk

www.nmm.ac.uk

www.esa.int

www.sciencemuseum.org